ロボカップジュニア
ガイドブック

ロボットの歴史から製作のヒントまで

子供の科学編集部・編

はじめに…
ロボカップジュニア

　ロボカップは「2050年までに人間のワールドカップチャンピオンに勝てるロボットのサッカーチームを作る」ことを目標に発足したプロジェクトです．出場するロボットは，リモコンではなく，周囲の情報を得て自分で判断して行動する自律型です．

　世界中の科学者，技術者が携わるこのワールドプロジェクトは，ロボットを研究開発する過程で生まれる技術を，広く社会に普及させることを真の目標にしています．この本で紹介する"ロボカップジュニア"は，ロボカップのカテゴリーの1つで，小学生から参加することができます．ロボットは，もちろん自律型．大人たちのリーグと同じように2050年への目標に向かって，ロボットの開発に取り組んでいるのです．

　2002年6月の世界大会から2足歩行ロボットによるサッカー，ヒュマノイドリーグがいよいよ始まります．しかし，まだ試合のできるレベルではなく，ゆっくり歩くだけで精一杯でしょう．でも，数年後にはスタスタと歩き，2050年には世界最強のサッカーチームに！　ロボカップジュニアに参加する君たちにロボカップの目標を達成してもらいたいと願っています．

ロボカップ国際委員会委員長
北野宏明

に参加する皆さんへ

ロボカップジュニアガイドブック
CONTENTS

はじめに… 北野宏明 …………………………………………… 2

第1章 ロボカップって何だろう？
▶ ロボットとは何なのか？ ロボットの歴史を知ろう！ 浅田 稔 … 6
▶ ロボカップって何だろう？ 浅田 稔 ……………………………… 10
▶ ロボカップの競技とリーグ ………………………………………… 16
▶ 2050年，ロボカップはどんなふうになっているか？ 浅田 稔 … 23

第2章 ロボカップジュニアに参加しよう！
▶ ロボカップジュニアに参加しよう 野村泰朗 …………………… 30
▶ ロボットはどんなふうにできているの？ 監修：野村泰朗 …… 37
▶ ロボットは自律型 野村泰朗 ……………………………………… 46
▶ ロボカップジュニアのルール紹介 監修：江口愛美 …………… 54

第3章 マンガ・ロボカップジュニアにチャレンジ！
はやのん …………………… 65

第4章 メカニックを考える
▶ ロボットの移動のための機構 野村泰朗 ……………………… 114
▶ ロボカップに見るロボットの機構 浅田 稔 …………………… 122

第5章 ロボカップジュニアに参加するみんなを紹介！
▶ サッカー，ダンスに参加するみんな 江口愛美 ……………… 136

○デザイン：レディバード　五月女弘明，水谷美佐緒
○イラスト：イーディーコントライブ　たくの大すけ，奥村京子
○写真：ロボカップ国際委員会，太田原明，秋山一仁
○協力：ロボカップ国際委員会

第1章　ロボカップって何だろう？

ロボカップって何だろう？　目的は？　構想は？
第1章では，まずロボットの歴史からロボカップ・リーグの概要まで，ロボカップジュニアを紹介する前に，ロボカップとは何なのか，を紹介していくよ．

1-1 ロボットとは何なのか？ロボットの歴史を知ろう！

浅田 稔

　ロボットとは何なのでしょうか？　残念ながら，明確な定義はありませんが，一般的には，私たち人間や動物などの，知的な動作や格好を真似ることがプログラム可能な機械といえるでしょう．ホンダのASIMOやソニーのAIBOは，まさしくロボットの代表例です．

　また多くの家電製品などは，洗濯や掃除など，単一の機能を実現する人工物ですが，ロボットは，多くの種類の仕事をこなす汎用性が期待されています．中でも人間とのコミュニケーションは，そのような役割の1つです．

ロボットの語源

　もともとロボットの語源は，チェコスロバキアの劇作家カレル・チャペックが1920年に書いた戯曲「ロッサム万能ロボット製造会社RUR(Rossum's Universal Robots)」の中で，チェコ語で労働や苦役を意味するrobotaから人造人間を指すロボット(robot)という言葉を造ったことに由来します．

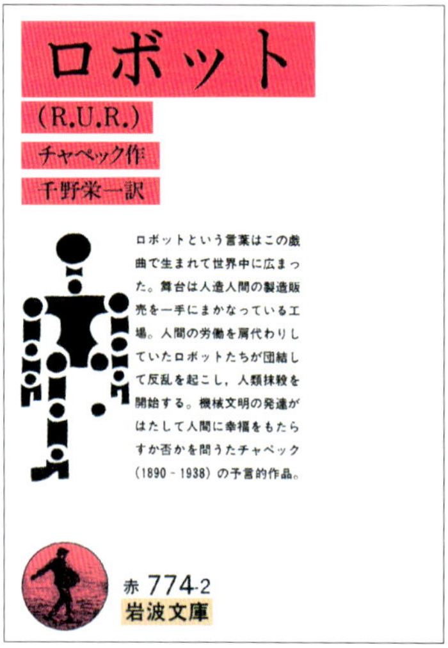

　ただし，それよりも前に「オートマトン(automaton)」という言葉があり，これは自動機械を意味していて，14世紀初めの時計仕掛けの人形などがありました．日本でも，お茶運び人形などのカラクリ人形がロボットの原点といえるでしょう．

　これらの人形は，現代のロボットが持っている

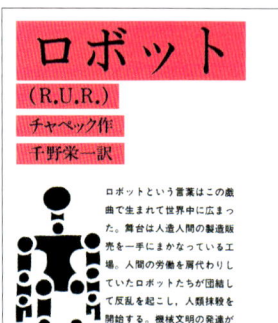

カレル・チャペックの書いた戯曲（岩波書店・刊）

第1章　　　ロボカップって何だろう？

カラクリ人形は，ロボットの原点ともいえる．写真は茶運び人形．糸や歯車の組み合わせによって動く．
（写真提供：南国市立教育研究所）

基本的な機能要素を異なった方法で実現しています．たとえば，お茶運び人形は，お茶碗（ちゃわん）の重みを感知して，移動しますが，その機構は上の写真にあるように，糸や歯車の組み合わせによって機械的に行動プログラムを実現しています．現代のロボットでは，コンピュータープログラムによって表現していますから，かなり表現が異なりますが，基本的な機構の組み合わせ方は同じと見なせるでしょう．

ロボットの基本的な構造

　ロボットの基本的な構造は，主に3つの部分から構成されています．1つ目は，私たちの視覚，聴覚（ちょうかく），触覚（しょっかく）などに対応するセンサーなどで，情報を取得する部分，2つ目は，それらのセンサー情報を認識・判断する部分，そして最後にその判断に従い，実際に行動を起こす部分です．
　これだけですと，先に挙げた，家電製品はほとんど含まれます．最近の電気洗濯（せんたく）

機は，汚れを感知して，洗濯方法を選択し，実際にモーターを回転させ，水を入れます．そして最後には，終了を音楽や音声で知らせてくれます．電子レンジも同様です．これらは，先に述べたように専用機械ですから，ロボットとは呼びにくいのですが，ロボットと呼ぶ人もいます．明確な差をつけにくいのも確かです．

ロボットコンテストなどでは，ロボットのセンサー情報の処理や認識・判断を人間が肩代わりしているのですが，ロボットと呼びますから，ロボットという言葉はかなり広い意味で使われています．

日本は，ロボット技術世界一であり，ロボットの稼動台数も世界で最も多いです．ロボット技術は，私たちがSF映画やマンガで連想する人間型ロボットなどにだけ使われていると思いがちですが，将来，私たちの体内に入って病気治療などが期待されているマイクロ・ナノマシン，人工臓器，リハビリや義肢義足に使われ始めているロボットアームなど，さらに知的交通システムなども，大きなロボットの中に人が入っていると見なすと，私たちの見えないところで，ロボット技術が働いていることがわかります．

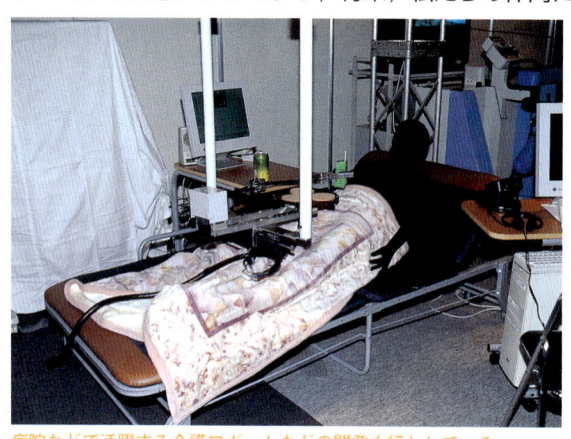

病院などで活躍する介護ロボットなどの開発も行われている．

ロボット工学の3原則

現代のロボットの流れは大きく2つに分かれています．1つは産業ロボットに代表される工場などの，きちんと整備された環境で働くロボット，もう1つは工場ではなく，人間と同じ環境で存在し働くことをめざしたロボットです．

後者は人間と共存するため，人間と同じ形状をすることが望まれ，人間型ロボット，もしくはヒューマノイドロボットと呼ばれています．

人間型ロボットを始めとする人間と共存するロボットは，工場などの定められた

第1章　ロボカップって何だろう？

環境とは異なり，多様な環境の変化に対応しなければなりません．さらに人間に危害を加えてはいけません．

このことをいち早く表したのが，アメリカのSF作家アイザック・アシモフです．アイザック・アシモフは，1950年に彼の小説の中で，「ロボット三原則」と呼んで表しています．それは，①人間に危害を加えてはならない．また，そのような状況を見過してはいけない．②上記に反しない限りで人間に服従しなければいけない．③，①②に反しない限り，自分の身を守らなければいけない，です．

しかしながら，これらを満足するロボットは，現在，まだ実現されていません．それは，人間への危害をどのように察知するか，また自分を守ることの意味を，充分ロボットに理解させるほどの能力が，まだ人工的に実現させることが困難な問題だからです．

感情表現能力の研究のために開発されたロボビー．人に向かってアイコンタクトをとったり，感情を人に伝える（左上）．遠隔操作ロボット，テムザックⅣ，離れたところからオペレーターが手元で操作するとリアルタイムで反応する（右上）．4本足でイヌのような動作をするAIBOは，感情表現に加えて外部からの刺激や自らの判断で行動する自律型ロボットだ！
（P8．P9の写真，ロボフェスタ神奈川2001にて撮影）

1-2 ロボカップって何だろう？

浅田 稔

　ロボカップの最終目標は，人間のワールドカップの試合のルールに従い，2050年までにヒューマノイドロボットと呼ばれている人間型ロボット11体で人間のワールドカップチャンピオンに勝つことです．ロボカップは，人間が操作するリモコン型ではなく，自ら判断し行動する複数のロボット達が，サッカーのプレーを実現することを目的としています．これを専門用語では，ロボット工学と人工知能の研究分野の新たな標準問題と呼んでいます．標準問題の先輩では，コンピューターチェスが挙げられます．

　皆さんも知っていると思いますが，すでにコンピューターが，人間のチェスチャンピオンを破りましたね．それで，新しいチャレンジが始まったというわけです．ロボカップは，1993年に筆者や，現在，ロボカップ国際委員会の会長の北野宏明さんを中心とする日本人研究者のグループによって提案されました．

2001年に行われたシアトルでの世界大会．
中型ロボットリーグの様子である．

　1997年に第1回のロボカップ（正式名称「ロボットサッカーワールドカップ」）が名古屋で開催され，世界12カ国から約35チームが参加しました．1998年の8月には，人間のワールドカップとともに，パリで第2回の世界大会を開催し，世界20カ国から約60チームが参加．1999年は，7月末から

第1章　ロボカップって何だろう？

　8月上旬にかけて，スウェーデンの首都ストックホルムで第3回の世界大会が開催され，世界30カ国約100チームが参加しました．2000年は，8月下旬から9月上旬までメルボルンで開催され，チーム参加者は総勢500人に上りました．2001年には，初めて北米に渡りました．シアトルで8月上旬に開催され，総勢550人の参加となりました．

　そして，2002年は6月中旬，ワールドカップと時期を同じくし，福岡と韓国の釜山と連係し，日韓で第6回目の世界大会が開催されます．

ロボカップの構想

図　ロボカップにおけるプロジェクト展開

　当初，ロボカップの活動は，ロボットサッカーの競技会と併せて研究集会の活動からスタートしましたが，現在では，ロボカップの技術を災害救助に応用するロボカップレスキューや，ロボカップジュニアの活動が始まっています．ロボカップの最終目標に向けて，次世代の研究者を養成することが目的です．

　ロボカップ全体の参加者の数や地域は，毎回広がっており，現在，世界35カ国で，3000人以上の研究者と学生が参画する一大国際共同研究プロジェクトに進展しています．ロボカップの基本的な考え方は，「明確で」かつ「チャレンジ的な目標を掲げて」，「道筋をたてて研究開発を行うということ」にあります．しかも世界中で，多くの研究者が同じ目標に向かっていることも大きな特徴です．図に現在の構成を示します．

なぜサッカーなの？

　工場で働くロボットと違って，人と競技をするロボットを考えた場合，様々なスポーツが考えられます．人工知能やロボット工学の研究の観点からは，挑戦的な課題ということで，瞬時にして攻守が入れ替わる動的な環境で，複数のロボットが協調しないと勝てないような競技を想定しますと，多くの対戦型のスポーツが考えられます．

　筆者はプロ野球のファンなので，野球をやらせたいのですが，野球の場合，9人対9人の戦いというよりも，ピッチャーとバッターの戦いが主で，他のプレーヤーはベンチで待っているか，競技場で待機しています．瞬時にして攻守が入れ替わることがありません．実は，そんなことよりもルールが複雑で，瞬時の判断をさせるのがロボットにとって難しいので，候補に挙がりませんでした．

　バレーボールは，敵味方がネットで分かれており，入り乱れることがないこと．また，スマッシュでボールがロボットにぶつかると，ロボットがどんどん壊れていって，試合にならないこと．バスケットボールは，高いジャンプ力とハンドによるボール操作が難しいことなどがあって，これらも候補から外れました．そこでサッカーが考えられました．

　サッカーでは，瞬時にして攻守が入れ替わり，パスとシュートの連携プレーなど，複数のロボットの協力が欠かせません．何よりも，ルールが他の競技に比べ，明快です．11体のロボットがサッカー競技をするのは決して楽ではありませんが，それでも1体のロボットがボールをゴールにシュートすればサッカーですね．このルールの単純さがロボットにやさしいことは，人間も理解しやすいことにつながり，これが世界で最も人気の高いスポーツとなっている理由です．

　ロボカップを開始したころ，私たちは研究テーマとして，シリアスに考えていましたが，ヨーロッパの研究者は，「人であれ，ロボットであれ，サッカーと名のつくものは勝たなあかん！」という感じで出場してきています．それだけ人気が高いのですね．これは，ロボカップがここまで広く世界に行き渡った大きな理由の1つでしょう．

第1章　ロボカップって何だろう？

サッカーは，パスとシュートの連携プレーなど，複数のロボットの協力が欠かせません．

ロボカップによって進歩する技術，応用分野

　複数のロボットが協調してサッカーをプレーするには，実にさまざまな研究テーマが含まれています．例えば，瞬時にして攻守が入れ替わるわけですから，カメラなどのセンサーから入ってくるデータを高速に処理しないといけなかったり，パスやシュートなど瞬発力を発揮できる機構やモーターを開発しなければいけない，などです．サッカーのような激しいスポーツを人間とプレーできるためには，さらに，柔らかい皮膚や，円滑なコミュニケーション能力も必要です．

　これらが実現できれば，最も厳しい状況として，災害現場での救助活動への応用も考えられます．また，人との接触や対話が重要である介護や病院での応用も充分に期待できます．

　ロボカップサッカーは，ロボカップの発端となった分野であり，2050年までにワールドカップチャンピオンチームを打破するヒューマノイド型ロボットの開発を目指しています．夢のある目標達成と，その過程で開発された技術の波及を目標

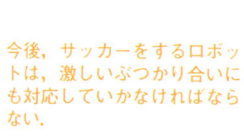

今後，サッカーをするロボットは，激しいぶつかり合いにも対応していかなければならない．

第1章　ロボカップって何だろう？

にしたランドマークプロジェクトなのです．

　これに対し，ロボカップレスキューはロボカップの技術と手法を災害救助に応用しようとするプロジェクトです．社会的に重要な課題の解決を目指すグランド・チャレンジ・プロジェクトです．ロボカップサッカーで開発された技術の応用と，この分野特有の課題の克服を同時に研究する必要があります．

　そして，ロボカップジュニアは，ロボカップを教育に応用した活動です．その目的は，ロボカップを通じた，ものづくり教育の側面と，最終目標に向けた次世代研究者の育成の側面を併せ持ちます．前者の意味では，単に若年層に限らず，性別・年齢層を問わない人々にアピールする側面として，娯楽性に関しても考慮しています，その意味で，教育娯楽プロジェクト(Edutainement Project)でもあります．

写真は，ロボカップレスキューのロボットリーグ．ロボカップレスキューは，ロボカップの技術と手法を災害救助に応用しようと生まれたんだ！

ロボカップ RoboCup の競技

ロボカップは3つの競技にわかれている

RoboCup Rescue
ロボカップレスキュー
● ロボカップレスキューシミュレーションリーグ
● ロボカップレスキューロボットリーグ

RoboCup Junior
ロボカップジュニア
● サッカー
● ダンス
● レスキュー（ライントレース）

RoboCup Soccer
ロボカップサッカー
● シミュレーション
● 小型ロボットリーグ
● 中型ロボットリーグ
● ソニー4足ロボットリーグ
● ヒューマノイドリーグ

1-3 ロボカップの競技とリーグ

ロボカップサッカー

ロボカップシミュレーションリーグ

　コンピューター上のサッカーコートで繰り広げられるバーチャルなサッカー対決．5分ハーフで行われ，見学者は，大きなスクリーンで試合の様子を見ることができます．

　11個のプログラム（プレーヤー）が1つのチームを作って，サッカーの試合を行うのですが，プレーヤー同士が直接，情報を交換することは禁止されていて，プレーヤーは，コンピューターから，自分，味方，相手，ボールの位置を1個1個，独立して知らされるのです．

　ルール上，人間に身体的制約があるように，プレーヤーにも，それぞれ視野，スピードの限界，体力を消耗する（休むと回復する）といった制約があります．このリーグでは，サッカーの高度なプレーを楽しめます．

　シミュレーションリーグでは，プログラムがどんどん高度なものに発展していて，リーグ開始の頃(1997年)にはなかったオフサイドのルールが，1998年に導入されると，1999年には，オフサイド・トラップを導入したプログラムが出現しました．

試合の様子は，会場の大きなスクリーンに映し出される

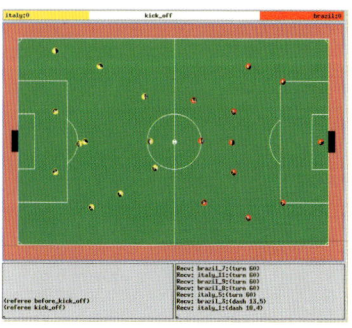
11個のプログラムが，チームプレイを披露

第1章　ロボカップって何だろう？

小型ロボットリーグ

小型リーグに出場するロボットは、カメラをのせて自分自身で判断するタイプと、カメラは天井につき、コンピューターがロボットに指令を送って動かすタイプとがあります。どちらもカラー映像を認識することができ、チームカラー（ロボットの頭にのっている黄色か青色のピンポン玉かマーク）で、味方と相手を見分けます。また自分の方向や番号を示すマークも見分けることができます。

1998年までは、フィールドの周りの壁は垂直だったが、現在の壁は45°の斜面になっている

フィールドは、卓球台を少し大きくしたくらいの広さです。ボールが飛び出さないように白い壁で囲まれ、ゴールはロボットが判断できるように、それぞれのチームカラーで塗られています。ボールはオレンジ色のゴルフボールを使います。ロボットの大きさは、直径18cm以内、高さはカメラを積んでいたら22.5cm以下、積んでいなかったら15cm以下と決められているのです。

天井のカメラなどから情報を得て、ロボット自身が次に何を行うか判断する。パソコンの画面にその様子が映し出されている

ロボットのスタートとストップ以外は、人間は操作できません。ロボットは行動の全部を自分で判断するか、赤外線や無線でコンピューターと通信して自分の周りの状況を判断するのです。試合は、10分ハーフ。オフサイドのような難しいルールはありません。

ロボットは、自分でチームメイトやボールを見分けて、次にどこへ行って何をするかを決める

中型ロボットリーグ

2002年の大会から
フィールドの壁が
なくなる．よりサ
ッカーらしいプレ
ーがロボットたち
に求められる

競技場の隅にあるパ
ドックの中でロボッ
トやプログラムの調
整を行う

大きさが一辺50cmの正方形に収まるロボット2～4台が1チームとなり，卓球台9枚分より少し広いフィールドで10分ハーフの試合を行います．

中型リーグのロボットには，カメラや距離センサーなど，必要なセンサーシステム，コンピューターがすべて積み込まれているのです．

ロボットには，フィールドが360°見渡せる全方位カメラを持つタイプが多いでしょう．それらのロボットは，全方位カメラでとらえたオレンジ色のサッカーボール（FIFAのオフィシャル・ボール5号）の方を向くと，解像度の高い前方カメラで正確にボールの位置を認識し，コンピューターでボールと自分の位置を計算して，左右の車輪を動かします．

2002年から，フィールドを囲む壁が取り除かれて，試合が行われます（壁を使った攻撃ができなくなります）．ロボットは，観客の服の色に惑わされることのないようにしなければなりませんし，ゴールラインやタッチラインをわってボールが飛び出しやすくなるので，これまで以上にボールの動きに素早く対応できるロボットが必要となります．オフサイドのルールはありません．

ロボットに取り付けられている全方位カメラによる
映像がパソコンに映し出されている．写真は2001年
シアトル大会

第1章　ロボカップって何だろう？

ソニー4足ロボットリーグ

表情や仕草が可愛いロボットたち．今大会から数も増えて，ますますにぎやかになるゾ

2001年まで3台1チームの編成が，2002年から4台1チームとなって，より高度な試合が楽しめそうです．おなじみソニーのアイボが活躍（かつやく）するリーグ，見た目は同じでもソフトウェアが改良されていて，各チームで動きを自由に工夫しているのです．ロボットは顔の中心のカメラで周りを見て，自分で考えて動きます．リモコンではないのです．

10分ハーフの試合中，音や電波を使ってロボット同士でコミュニケーションをとることができます．その動きも愛らしくて，見ていて楽しくにぎやかな試合が展開されるでしょう．ロボットは，青と赤のユニフォームを身につけますが，ハーフタイムで，コートとユニフォームのチェンジが行われます．

ルールでは，前足や体などで，3秒以上ボールを止めたり，相手の進路を妨害（ぼうがい）したり，ゴールエリアに何台もロボットが集まって守ったりしてはいけないのです．このような違反（いはん）をすると，フィールドの外に出されてから，ハーフウェイライン（タッチラインの真ん中を結ぶ線）に戻（もど）されます．

本体は同じでも，プログラムによって，その動きは違い，勝敗を分ける

フィールドの四隅．タッチラインの真ん中に，フィールドのサイドをロボットに知らせるため，計6本のポールが立っている

ヒューマノイドリーグ

ヒューマノイドリーグのロボットは，サイズにより，いくつかのクラスにわかれています．ただしロボットは，すべて2足歩行で歩かなくてはいけません．ロボットの2足歩行とは，片足を上げるのとほぼ同時に，地面に接しているもう片方の足に，重心が移動する歩き方をいいます．人間と同じような歩き方ですね．

ヒューマノイドリーグに2002年から，登場するロボットは，大きさ（高さ）によって，ボールやフィールドのサイズが違う．写真は，2000年のエキシビジョンの様子

このリーグの競技は3種目あります．①ロボットが1台で行う競技：1分間片足で立つ／フィールドのはじからスタートして，ディフェンスエリアの真ん中にあるマーカーを回って，元の場所に戻る／一定の距離，離れた位置からゴールに向かってシュートをする．②ロボット1〜3台が1チームとなって，2チームで行う競技：1対1のペナルティキックを交互に行い得点を競う／10分ハーフの試合．③フリースタイル競技：それぞれのチームが，5分間で，パフォーマンスを見せる競技．

ただし，このリーグのロボットは，今はゆっくり歩くことがせいいっぱいで，試合にはならないかもしれません．でも数年後には，スタスタと歩いて試合をするほどの進化があるでしょう．「ロボカップ2002福岡・釜山」では，2050年への第1歩をみんなに見てほしいのです．

2050年に向けてキックオフ!!

第1章　ロボカップって何だろう？

ロボカップレスキュー

ロボカップレスキューシミュレーションリーグ

　コンピューター上で，地震，家屋倒壊，火災，道路遮断の4つの災害を作り，総合的な地震災害を想定します．エージェント（救助隊，消防隊，警察隊，救急センター，消防署，警察署，住民）というコンピューター上のロボットが，次々に入ってくる情報を元に，自分で判断して，火を消したり，道を直したりという動作を行うのです．大勢の人を助け，街の被害を最小限に食い止めたプログラムが勝ちます．
　神戸市の地図と架空の街の地図を使って競技は行われます．　　　　　　　　　（

大型スクリーンに表される仮想災害現場．色によって被害の状況がわかる

ロボカップレスキューロボットリーグ

　競技場の実物大の崩れた建物の瓦礫の中から，被災者（模型）を速く正確に探し出す競技です．競技に出場する人間は，ロボットと無線，有線を使って通信を行い情報を収集します．競技者は，競技場やロボットから見た画面が映される大型スクリーンを見てはいけないのです．ロボットから通信で受け取るセンサー情報だけから，被災者のいる場所や人数などを判断していきます．

　競技は4ラウンド．1ラウンドは25分で，ロボットが25分を過ぎても戻らない場合，壊れた，と見なされ，記録は点数に加えることはできません．

瓦礫の中など不安定な場所を進むロボットの形はさまざまなものが考えられる

出場者は競技中に，競技会場と競技が映される大型モニターを見ることはできない

●ロボカップには，サッカーとレスキューという部門があり，さらにロボカップジュニアがあります．ロボカップジュニアについては，35ページから紹介します．その前にロボカップが2050年にはどんな進化を見せているか，またジュニアに参加するみんなへのメッセージを紹介していきます．

第1章　ロボカップって何だろう？

1-4 2050年，ロボカップは，どんなふうになっているか？

浅田 稔

　現在，日本のロボット技術は，間違いなく世界のトップレベルといえます．実際に本田技研工業のASIMOのようなヒューマノイド型のロボットが登場すると，明日にもキミの家に来て，いっしょに遊んでくれるような気がするでしょう．しかし，残念ながら今のヒューマノイドロボットは，まだ人間といっしょに遊んだりサッカーができる段階ではありません．じつはまだ，ほとんどの面で未開発といってもよいのです．

　将来ロボットと人間がいっしょにサッカーをするために，今後開発が必要な要素をいくつか挙げてみましょう．まず1つ目は人工皮膚．工場で作業をするロボットには皮膚は必要ありませんが，人間と共存するロボットの場合は人間とぶつかった時，相手を傷つけないということが大切です．サッカーの試合中に，ロボットが人間のプレーヤーにケガをさせては困りますよね．

ロボカップによる技術開発は，毎年，着実に進んでいく！
ロボカップの未来はどうなふうになっているのだろうか？

50年後のロボカップの大予想をしてみたよ！　ロボットチーム対人間チームの試合が楽しみだね!!（©TANK，CG：たくの大すけ）

そのためにロボットの全身を覆う軟らかい素材の研究が進められています．こうした人工皮膚をロボットに装着して人間とぶつかった場合，どのぐらい衝撃があるのか，本当に安全なのかといった問題の解決には，まだ今後の実験が必要です．

　2つ目は人間と同じようなしなやかな動きです．今のヒューマノイドロボットは

第1章　ロボカップって何だろう？

電動モーターで制御されているため，どうしても動きが硬くなりがちです．しかも2足歩行でバランスを取って歩くのは大変難しく，着地の衝撃が大きいとすぐ転倒してしまうのです．そこで私たちの筋肉のように，急に力を出したり止まったりできる新しい種類のモーターや，その制御方法の開発が必要になってきます．それが実現して初めて，サッカーに必要な走る，歩く，ジャンプするといった動きが可能になるのです．

そして3つ目．やはり最大の課題は会話能力，人間とのコミュニケーションです．人間と同じような格好をしているのに，何もしゃべらないロボットは気持ち悪いでしょう．最近では，何万語もの言葉を覚えて遊べるおもちゃもありますが，そうした人工知能システムは，相手の言葉に合わせてプログラムされた応答だけをしているのです．

ロボットが本当にしゃべれるようになるには，自分で経験学習をしながら言葉を理解していくしかありません．そこでサッカーという限られた環境の中で，ロボットがお互いに言葉を掛け合ったり，的確にパスを出すなどのチームプレーを行いながら，最終的に自分で考えて行動できるようになることが期待されているのです．

ロボカップによって進歩した技術で未来の暮らしにロボットが大活躍

ロボカップに参加するために研究開発され進歩した新しいロボット技術は，将来私たちの暮らしの中で幅広く応用することができます．例えば災害時の救助活動やお年寄りの介護，危険がともなう作業，宇宙の探索などにもロボットが大活躍することでしょう．ロボットは周りの人や物を傷つけることなく素早く動き回り，会話をしながら自分で考えて行動するのです．

　しかし，こうして人間とロボットが共存するには，まだ解決しなければならない問題がたくさん残されています．こうした問題をクリアにするには，やはり50年，100年というスケールで考える必要があると思います．

　2002年のロボカップ福岡・釜山(ブサン)大会では，初めてヒューマノイドロボットが登場しますが，実物に接すると「なんだ，ヒューマノイドって何にもできないじゃないか」と思うかも知れません．でもそれは当然のこと．世界中の研究者の夢を受け継(つ)いで，50年後に本物のサッカー選手に勝てるヒューマノイドロボットをつくるのは，キミたち自身なんですから．

　人間と共存するヒューマノイドロボットの誕生を夢見て，私たちの挑戦(ちょうせん)は始まったばかりなのです．

写真は，2001年にエキシビジョンにて行われたヒューマノイドリーグ．
ヒューマノイドロボットのこれからの開発に注目が集まっているんだよ！

ジュニアに参加するすごさ

　ロボカップジュニアはオリジナルのロボットでサッカーの試合などを行い，楽しみながらロボットのメカニズムを知ってもらおうというイベントです．出場できるのは人間がリモコンで操作しない自律型のロボットだけですが，市販のロボットにボールの動きや衝撃を感知するセンサーを付けたり，形や色，タイヤなどを改造してつくってもOK．ロボットがボールを追いかけたり，ぶつかった時どちらへ進むかといった動きは，コンピューターを使って自分でプログラミングし，それをインストールすることで，キミだけの個性的な自律型ロボットが誕生するのです．

　ジュニア用キットのプログラムは，コンピューターの画面上で，絵タイルを操作しながら簡単につくれるものもあるので，まったく初めての人でも大丈夫．それにロボカップジュニアのためにつくった自律型ロボットをそのまま改良して，今後ロボカップの小型ロボットリーグに参加することもできるのです．

　でも最近の大会では，ジュニアのレベルの方がすごく上がってきていて，ボールの動きを感知するセンサーを変わった場所に付けるなど，ユニークな発想のロボットがたくさん登場しているんですよ．

順位よりまずチャレンジ，世界中の仲間と友達になろう！

　サッカーのワールドカップは試合に出て優勝することが目標ですが，ロボカップジュニアは勝ち負けではなく，参加して楽しんだことを評価するものです．大切なのは順位よりも，目的をもってみんなで協力しながらチャレンジすること．もしうまくいかなくても，どうしてそうなったのかを考えて，また次に頑張ればよいのです．次の成功に繋がることは失敗ではありません．

　サッカーゲームに興味がない人は，ダンスの部に参加してもよいでしょう．これは音楽に合わせて自律型ロボットにダンスをさせて，プログラミングや振り付けの芸術点を競うもの．衣装に工夫を凝らしたり，人間がいっしょに踊ったりするのも楽しそうですね．

　また，2002年のロボカップ世界大会は，サッカーのワールドカップと同じように日本と韓国の共同開催．海外からも15カ国・60チーム以上が参加する予定で，キミと同じようにロボットが大好きな仲間たちが世界中から集まってきます．そこではロボットを通じていろいろ情報交換したり，夢を語り合ったりするチャンス．目の前のロボットに興味があれば，英語力なんて気にせずにどんどん質問してみましょう．反対にキミのつくったロボットについて「どうしてそんな動きができるの？　そこはどんな仕組みなの？」などと，いろいろ質問されるかも知れませんね．

　こうして友達になった海外の仲間たちと交流を続ければ，将来いっしょにロボット開発ができるかもしれません．ロボカップジュニアから国際的なロボット研究者が誕生！これは本当にすごいことですよね．

第2章 ロボカップジュニアに参加しよう!

　ロボカップジュニアの活動に参加するには…，競技会に参加するには…，何を準備すればいいのかな．第2章では，ロボカップジュニアの活動に参加する心構えや具体的な行動を，順を追って説明するよ！　自分たちで競技会を企画，運営する手順，またロボット製作のヒント，自律型ロボットの考え方，競技のルールについて解説していくよ！

2-1 ロボカップジュニアに参加しよう

野村 泰朗

目標を決めよう！
～ジュニアって何をするの？

ロボカップジュニアには，様々な〈チャレンジ(challenge)〉と呼ばれる公式競技があります．それぞれのチャレンジは，参加するみなさんの持っている（ロボットを作るために必要な）技術や知識の程度に合わせて取り組むことができるようになっています．今現在の自分の実力や，興味の範囲をよく考えて，第一歩となる目標を立ててみましょう．

2対2サッカー

2台のロボットでチームを作って，2対2のサッカー競技を行います．自律型ロボットに必要な知識と技術を総動員して取り組むことができるチャレンジです．

1対1サッカー

1チーム1台のロボットで，1対1のサッカー競技を行います．いつも多人数が集まって競技を行うことができない時や，ロボットを作る材料やキットが手元に少ない時でも，2人集まればすぐにサッカー競技ができる手軽さを目指したチャレンジです．

レスキュー／ライントレース(*1)

レスキューは，災害地を想定したさまざまな障害物や起伏のあるフィールドの中，1台のロボットが，遠方にいる遭難者を救助しに行くという競技です．レスキューチャレンジは，2001年のシアトル大会で導入されました．2000年のメルボルン大会では，同じようなねらいを持った競技に「すもう」がありました．

レスキューチャレンジも，すもうチ

ライントレースができるロボットを考えることで，自律型ロボットの基礎的な考え方を習得することをねらっている．

ャレンジも，テクニック（技術）としてライントレースの機能を実現することが求められています．

(*1) ライントレースという呼び方は日本では一般的ですが，英語ではLine Followingという呼び方をします．

ダンス

　ダンスチャレンジは，チームが自由に選んだ音楽に合わせて，自律型ロボットがダンスやパフォーマンスをする競技です．ロボットの技術的な側面だけでなく，衣装や装飾，外見などのデザインのよさや，ダンスやパフォーマンスなどの演技の面白さ（エンターテイメント性）なども，評価の対象となるチャレンジです．ロボットに興味を持ち始めたばかりの人が，1台のロボットを時間制御で動かしてみたり，ラインダンスやミュージカル，マスゲームのように複数台のロボットを協調して動かすことで，より高度なパフォーマンスを目指すこともできます．

プロジェクト計画を立てて作業を進めよう！

　さて，現在のみなさんの実力や興味の範囲から，どのチャレンジに挑戦（チャレンジ）するかを決めたら，いよいよロボット製作スタートです．しかし，あらかじめ計画しておかなければいけないことがあります．

チームを作る

■多くの人の協力が必要

　まずは，一緒にロボットを製作し競技会に参加する仲間を集めましょう．もちろん，ロボカップジュニアは1人で取り組むこともできますが，仲間は何も同級生や友達だけとは限りません．

　例えば，これからロボットの製作を始めようとする人は，ロボット技術について教えてくれる先輩や，先生，両親などをチームに迎える必要があるでしょう．皆さんのまだ知らない分野で活躍している多くの人との交流や協力が不可欠です．

■役割分担を考えよう

　また，チームのメンバーは，必ずし

ロボット技術について教えてくれる大人の人（例えば先生）の協力は心強い．

も全員がロボットを作らなければいけないということはありません．

例えば，ダンスチャレンジであれば，衣装のデザインや裁縫をする人も必要ですし，サッカーチャレンジでは，戦略を考える監督役の人が必要かもしれません．

また，作業の進み具合をチェックしたり，予算の残高を把握してくれるマネージャーや会計のような役割の人も必要でしょう．メンバーを上手に集めるためには，表1のような，プロジェクト計画書を作成しておきましょう．

■予算を立てる／スポンサーを探す

ところで，ロボットを作るには，材料や工具を購入するお金が必要になります．また，競技会に参加するとなると，会場までの交通費や，遠方だった場合には宿泊費なども必要になります．小中学生であれば，お小遣いや貯金など，チームで準備できる予算をあらかじめ把握しておかないと，予算が足りなくてロボットが完成できないといった事態になるかもしれません．

自分たちで，予算の全ては準備できないという時には，スポンサーを探しましょう．最も身近なスポンサーは，両親やおじいちゃん，おばあちゃんでしょう．しかし，いきなり頼んでも，援助を断られてしまうかもしれません．

ですから，例えば，表1のようにプロジェクト計画書に予算計画も記入しておき，なぜこれくらいの予算が必要なのか，なぜこれを買う必要があるのか，説得力のある説明をしてみましょう(*2)．

また，クラブ活動や科学館の教室などでは，活動予算があるでしょう．きちんと説明をして援助してもらえるように交渉してみましょう(*3)．

プロジェクト計画書

プロジェクトの目的	（最終的な目標やこのプロジェクトを通して学びたいことを簡潔に書きます）
これまでの活動	（このプロジェクト以前にロボット製作や競技会参加などでの活動について紹介します）
プロジェクトメンバー	リーダー：・・・・・・・ 会計担当：・・・・・・・ 設計担当：・・・・・・・ プログラム作成：・・・・・・・
予算計画	○月△日～□月×日　設計 △月□日～×月△日　試作、テスト □月×日～△月○日　本開発、プログラム作成、テスト ○月□日　練習試合 ×月○日　競技会現地入り、会場で調整 □月○日　競技会当日
必要経費	備品： 　工具購入費　　　　○○,○○○円 材料・消耗品： 　キット購入費　　　　○○,○○○円 　印刷紙代　　　　　○○,○○○円 　△△△　　　　　　○○,○○○円 その他： 　作業場所借用代　　○○,○○○円 　交通費、旅費　　　○○,○○○円 　□□□　　　　　　○○,○○○円 合計　　　　　　　　○○,○○○円

表1　プロジェクト計画書．メンバーの勧誘をするときに，自分たちがどのような目的で，これから何をするのかを説明するよい資料にもなる．

第2章　ロボカップジュニアに参加しよう！

材料を集める

　ロボットを作るには，商品として売られている必要なパーツが入っているキットを使う方法から，自分でパーツをすべて集めて作る方法までさまざまにあります．計画した予算や，チームの実力にあわせて選びましょう．

活動の場を探す

　製作途中のロボットや材料を置いておいたり，練習用に競技台（フィールド）を設置できる場所が必要です．また，ミーティングを開くことができる会議スペースや，コンピューターやボール盤，電動ノコギリ，グラインダーといった大型の工作機械が借りられる場所も探す必要があります．
　学校であれば，技術科室を貸してもらうなど，先生と交渉してみましょう．最近では，近くの科学館や大学でも，そのような施設，設備を利用させてくれるところがあります．

■プロジェクトの進み具合を把握

　現在どこまで作業が進んでいるのか，この後まだ何をしなければならないのか，などプロジェクトの進み具合を常に気にしておくことが大事です．そこで，作業計画表（ガントチャート）を作成しておくと便利です．
　作業に遅れが生じた場合には，ガントチャートを修正して計画を見直す作業が必要になります．
　一方で，競技会のように日程が決まっている場合，完成の期限は後ろに動かすことはできません．もしかしたら，最初に予定していた機能を全て実現していては間に合わなくなることもあるでしょう．その時には，思い切った計画変更も大事です．

> (*2) 最先端のロボットの研究をしている研究者も，同じように研究計画書をいくつも作って，国や財団，企業から研究費を助成してもらいながら，研究を続けています．
> (*3) 最近では，学校の授業やクラブ活動でロボット競技会の全国大会などに出られることになった場合，運動系クラブと同じように，市区町村の教育委員会が遠征費として旅費の援助をしてくれるようになりました．

競技会に参加しよう！

　いよいよ競技会への参加です．ここまで製作してきたロボットの晴れ舞台です．同時に，みなさんの持っている技術とアイディアを他の参加者の前で披露する舞台でもあります．

■ルールの確認

　競技会に行く前に，もう一度参加するチャレンジのルールを確認しましょ

う．ロボットの大きさ（サイズ）には制限があったり，サッカーチャレンジでは，2台で同時にゴールを守ってはいけない，といった禁止事項があります．ロボットの機能やチームの戦略をもう一度見直して，ルール違反にならないか確認します．

右図の各項目を順番にチェックしながら，ロボカップジュニア競技会への参加の準備をしましょう．確認をした項目から，□にチェック（レ印や×印）をつけましょう．

■チームプレゼンテーションの作成

ロボカップジュニアの競技会は，単に試合をする場ではなく，がんばってきた成果を発表する場でもあります．チームのプレゼンテーションを用意しましょう．(*4)

■競技会参加準備チェックリスト

◎事前チェック項目
□1．製作したロボットは公式ルールを守っているか？※特にロボットのサイズについては厳密に守られているか確認すること．
□2．チームプレゼンテーションは作成したか？
◎当日持参品チェック項目
□3．調整用工具（内訳：　　　　）
□4．修理用材料（内訳：　　　　）
□5．コンピュータ　台，
　　接続ケーブル　本
□6．プログラムを保存したメディア（フロッピーディスク，CD-Rなど）
□7．プログラムのプリントアウト（印刷物）※当日，プログラムを保存したメディアが壊れてしまった時のためです．
□8．ロボット用電池（内訳：　本）
　　※試合数を確認して充分に用意すること．また，練習，調整用の電池も用意すること．
□9．練習，調整用の赤外線ボール，グレースケール用紙　※試合当日には，本番フィールドで調整する時間がありますが，試合途中で練習や調整が必要になった場合にはチームで用意する必要があります．

■チームプレゼンテーション記入例

以下の点について，
チームで話し合って記入してください

チーム名		記入日	
チャレンジ		記入者	
1「どんな戦略ですか？」またはダンスチャレンジの場合のみ「テーマは何ですか？そこでは何を表現したいですか？」 200字程度			
2「どこを工夫しましたか？　どこを見て欲しいですか？」 200字程度			
3「苦労した点はどこですか？　何が難しかったですか？」 200字程度			

(*4) 2002年からは，世界大会では参加チーム全員がチームプレゼンテーションを競技会前に提出し，競技結果と一緒に成績に反映されます．

競技会を企画しよう！

競技会は，単に試合をするだけの場ではなく，参加者が自分たちの持っているアイディアや技術を多くの人に見てもらい，様々な意見やアドバイスをもらう場でもあります．それを今後の活動に活かしていくことが大事です．

■案内を出して宣伝する

多くのチームに参加してもらったり，

第2章 ロボカップジュニアに参加しよう！

協議会を開催するには，試合に必要な備品を用意し，スタッフも集めなければならない．

多くの人にロボカップジュニアの活動を理解して，協力してもらえるようにするためにも．大事になるのが宣伝です．案内パンフレットを作成して，学校や地域に配りましょう．ホームページを通して宣伝する方法もあります．

■スポンサーを探す

大会を実際に運営するためには，ある程度の予算が必要になります．
審判やチームの誘導，成績の整理などを行う数人のスタッフも必要です．アルバイトで雇う，またはボランティアであったとしても，お弁当代くらいは用意するほうがいいでしょう．

ホイッスルやストップウォッチ，得点板のレンタル代や，案内パンフレットや賞状の印刷代などの費用をどうするかも考えましょう．

ホイッスルなど試合に必要な備品は，学校や地域のスポーツセンターなどで借りることができるでしょう．

また地域の商店街に案内パンフレットへの広告掲載をお願いして広告料を集めるとか，企業や教育委員会などに援助をお願いするなどの交渉をしてみてはどうでしょうか．

■大会のスケジュールを決める

参加チーム数や会場の広さによって，試合にかかる時間は変わります．競技会は1日か，長くても土，日曜などの2日間で収まるように予定を立てるほうがよいでしょう．例えばサッカー競技であれば，1試合に約30分かかりますから，用意できる競技用フィールドの数が決まれば1日に消化できる試合数を計算できます．当日はトラブルも

予想されます．余裕(よゆう)を持ったスケジュールを立てましょう．

■競技を見せる（魅せる）演出を…

競技を見やすくする工夫が大事です．例えば，試合の進行状況(じょうきょう)や戦績を分かりやすく伝えるために，対戦表やスケジュールを作成してコンピュータとプロジェクタを使って大スクリーンに映し出すことができます．その他にも，観客にとって競技が見やすい会場を選びます．

■賞状や賞品を用意．講評も行おう

競技会は参加者が腕試し(うでだめ)をする場ですから，参加者の成績や，ロボット技術に関する力が分かるような情報のフィードバックが大事です．

■当日スケジュール・対戦成績表

■競技会準備チェックリスト例

次の各項目を順番にチェックしながら，ロボカップジュニア競技会の準備をしましょう．確認をした項目から，□にチェック（レ印やx印）をつけましょう．

◎事前チェック項目
- □ 1. 種目の決定
  - □2対2サッカー／□1対1サッカー
  - □レスキュー／□ダンス
- □ 2. 会場の確保　広さ（　　）㎡
- □ 3. スケジュール作成，大会規模（参加チーム数）決定
- □ 4. パンフレット／ポスター作製
- □ 5. 競技フィールド
  - 2対2サッカー（　）台／
  - 1対1サッカー（　）台／
  - レスキュー（　）台／
  - 赤外線ボール（　）個
- □ 6. 当日スタッフの手配
  - 審判（　）名／記録係（　）名
  - 誘導係（　）名／MC（　）名
- □ 7. 車検用円筒
  - □直径18cm　□直径22cm
- □ 8. 得点ボード（得点板）（　）台
- □ 9. ストップウォッチ（　）個
- □ 10. ホイッスル（　）個
- □ 11. バインダー，筆記用具
- □ 12. メジャー（巻尺）／定規
- □ 13. 大会スポンサーを探す

```
【当日予定】
 8:00～10:00    開場，ロボット調整
10:00          開会式，チーム確認，ルール説明
10:15～         試合開始
【予選1】        コート1         コート2
10:15          A対B           F対G
10:45          C対D           G対H
11:15          A対E           H対I
11:45          B対C           G対I
12:15          D対E           F対H
11:40～13:15   各自適当に昼食（試合続行）
【予選2】        コート1         コート2
12:45          A対C           F対I
13:15          C対E           B対D
13:45          A対D           B対E
14:15～14:25   休憩，ロボット調整
【決勝トーナメント】
               コート1         コート2
14:25          (　)対(　)      (　)対(　)
14:55          3位決定戦‥(　)対(　)
15:25          決勝戦‥‥(　)対(　)
15:55～16:10  参加者片付け，審判採点
16:10          表彰式，閉会式
16:30          解散
```

1) 予選第1リーグ

2) 予選第2リーグ

3) 決勝トーナメント
優勝　　　　3位決定戦

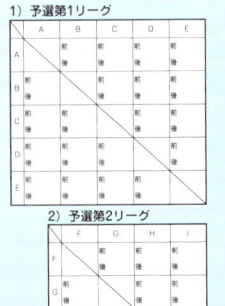

※自分のチームの試合時間をよく確認しておきましょう．
※各自で，自分のチームの対戦成績をメモしておきましょう．
※参加者のみなさんは，予選，決勝トーナメントともに，自分が試合をしない時は，できるだけ他のチームの試合をみて，応援してあげましょう！他のチームのロボットはどのように動いているかな？

第2章 ロボカップジュニアに参加しよう！

2-2 ロボットはどんなふうにできているの？ ～ロボット製作のヒント

監修：野村泰朗

◯ 作りたいロボットを紙にスケッチしてみよう

　ロボットを作る時には，まず紙にイメージをスケッチしてみます．きれいに描こうと考えなくてもいいのです．

　ロボットの全体の形，動き，部分の形，機能（機構），プログラムの流れなど，頭の中でぼんやりと考えたものを，紙の上でいろいろ試行錯誤してみるといいでしょう．ちょっとしたこと，1つの要素だけでも，思い付いたらメモしておいて，あとで見直してみることが大切なのです．

　そうやって，だんだん細部をまとめて具体的にしていけば「設計図」になります．

◯ ロボットの全体構成

　次にロボットに必要な部品を見ていきます．けれども，部品を一つ一つ集めるのは大変だし，少し難しかったり，手に入りにくい部品もあったりします．「ちょっと無理かも…」と思ったら，まずは商品として売られているキットを作って，そこから工夫を加えていくのもいいでしょう．キットを作って慣れてきたら，できたキットの物足りない部分だけを改造・改良していけばいいでしょう．手に入りやすいキットとしては，イーケイジャパンのサッカー・ロボ915やレゴのマインドストームなどがあります．

　部品やキットを入手するお店としては，まずは近くの模型・ラジコン店，おもちゃ屋，デパート，ホームセンターなどに行ってみましょう．通信販売

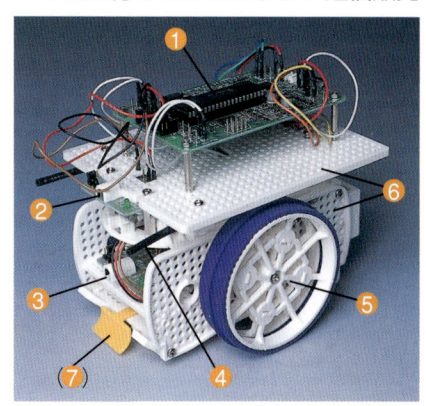

サッカー・ロボ915のロボットで全体を見てみる．①コントローラー ②赤外線センサー ③光センサー ④タッチセンサー ⑤タイヤ ⑥ボディ （⑦サッカーロボにはキック機構がつくようなっている）

で入手する方法もあるので，ロボットに関連した本や雑誌を見てみましょう．

■ロボットの五感となるセンサー

壁や他のロボットにぶつかったことを知る触覚の役目のタッチセンサーは，安くて手に入りやすいマイクロスイッチを使うことが多いです．家庭の電気をつけたり消したりする普通のスイッチと同じ仕組みですが，もっと小型で，小さな力で動かすことができます．スイッチを押すと電気が通って，放せばバネで戻ってオフになる仕組みです．

光センサーは，床の明るさの違いを知ることができます．この情報で，自分の進むべき方向を判断できるのです．

光センサーは，CdS素子，フォトダイオードなどがよく使われています．光を感じると電気の流れる量，電圧の変わる材料を使ったセンサーです．タッチセンサーの場合はオンかオフしか分からなかったのですが，これらの場合は強さの段階を知ることができます．

光センサーは，むき出しのままでは，周囲の明るさ全体を取ってしまうので，床を見るなら筒状のカバーで光の来る方向を制限してみましょう．またそのカバーの内側は，余計な光を吸収するように黒くした方がよいでしょう．

赤外線（IR=Infrared Rays）を発する，ロボカップジュニアのサッカーチャレンジ用赤外線ボールの位置を知るのもセンサーです．ただし，同じ光センサーでも，赤外線波長の光を受けると電気の流れる量，電圧の変わる材料でできたフォトダイオードを使ったセンサーです．この赤外線センサーも強さの段階を感知することができます．

太陽や電灯の光の中にも赤外線は含まれているので，例えば競技会場の照

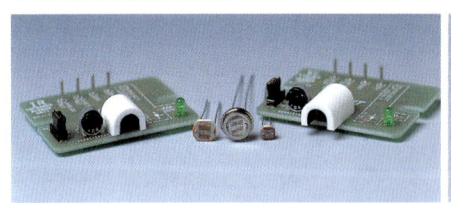

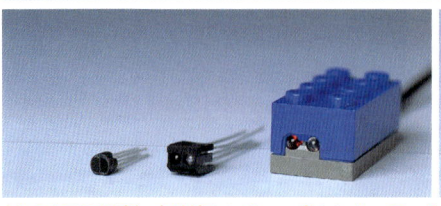

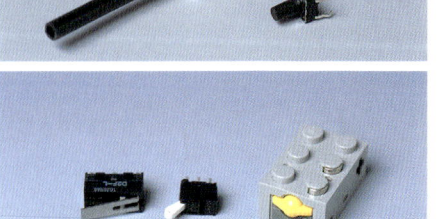

（左の上下の写真）赤外線センサー，光センサーのいろいろ．
（右の上下の写真）タッチセンサーのいろいろ

第2章 ロボカップジュニアに参加しよう！

頭脳の役割をするコントローラー．左がサッカー・ロボ用（PICを使用），右がレゴのRCX．

明や窓の位置などの条件によっては，赤外線センサーが，ボールがないのに反応してしまうことがあるので，強さを調整することも大事です．

■頭脳となるコントローラー

コントローラーとは，パソコンのディスプレイやキーボードなどを外した本体部分の機能をすごくシンプルにしたものだと思えばいいでしょう．機能をシンプルにした代わりに大きさ，消費電力を押さえています．サッカー・ロボ915では，機能を拡張するためにLEDやマイクロスイッチなど直接つなげられる入出力ピンがついています．

■移動するための足

●タイヤ：タイヤにも直径や幅，材質によるグリップの違いなど，いろいろな要素があります．例えばタイヤが大きければ1回転当たりに進む距離が長いので速度が速くなりますが，その分，踏ん張りが弱くなるといった，要素同士の関連に注意する必要があります．

また椅子にも付いているキャスターを利用すると，モーターで回転するタイヤの動きに合わせて，ロボットをスムーズに曲がるようにできるでしょう．

●キャタピラ：タイヤは，床と接地する面積が小さいので，床がでこぼこしていると引っ掛かってしまいますが，キ

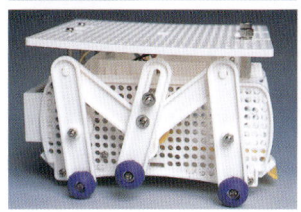

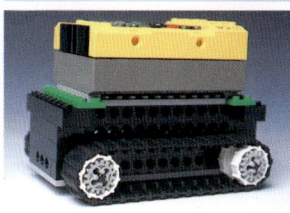

タイヤやその取り付け方にもたくさんの方法が考えられる．どんな動きを見せるだろうか？

ャタピラは接地面が大きく，小さなくぼみにはまり込むことなく，うまく走ることができます．

●6本足（歩行機構）：クランク機構は，回転と直線的な動きを変換できる仕組みです．これを使うとモーターの回転から，生き物が歩く時の足のような上下の動きを疑似的に表現できます．

■モーター

タイヤや足を動かすにはモーターがよく使われます．モーターにつなぐ電池を増やすと，力が強くなり，速く回転しますが，電圧を上げ過ぎると壊してしまうことがあります．モーターには，それぞれ最もよく回転する電圧や電流の範囲があります．ただ電池を載せ過ぎるとロボットが重くなってしまい，動きが鈍ってしまうでしょう．

■ギアボックス

ギアボックスとは，ギアとモーターを組み合わせて1つの部品として扱い

やすくしたものです．モーターに直接タイヤをつけても，あまり重いものは動かせません．モーターの軸は，とても速く回るかわりに力が出ないのです．そこでギアが必要となります．

ギアは，回転軸の回転数の関係（＝ギア比）を変化させて，速度，力の強さを調整します．ギアによる速度と力の関係は116ページで紹介します．ここでは自転車の変速を考えてみましょう．足の側のギアと，タイヤ側のギアの大きさの組み合わせで，スピードと力を変化させているのがわかります．

COLUMN いろいろなギアボックス

タミヤのギアボックスはギア比ごとにいくつかの種類があります．遊星ギアなど，ちょっと変わったギアボックスもあるのです．またスピードや力を変えるだけでなく，回転軸の方向を変えるものもあります．

■ロボットの体／ボディ

センサーやギアボックスを1つにまとめるのがボディです．電池の取り出しや，センサーの調整がしやすい配置にデザインしましょう．さらに，サッカー競技では，フィールドの壁だけでなく他のロボットにぶつかることも多いので，壊れにくくするにはどうすればよいのか考えることも大事です．

材料にはいろいろなものが使えます．

モーターのいろいろ．電池の重さや，電池の減り方などをよく調べて，ロボットに合ったモーターを選ぼう．右側にいろいろなギアを置いた．

プラスチックは加工しやすいけれど，切り出した部品同士の固定の仕方を工夫しないと壊れやすいです．タミヤのユニバーサルプレートは等間隔に穴が開いていて，ネジ止めが簡単にできます．

アルミなどの金属は強度が高いのですが，電動工具を使わずに加工するのは大変です．木は加工もしやすく，金属ほどではありませんが，ロボットのボディには充分な強度を持っていて，その上軽量で木ネジを使えば非常に簡単に組み立てができる便利な材料です．

身の回りにある，かまぼこ板，プラスチックのカップ，ペットボトルなど不用になった材料をリサイクルしてみるのもいいでしょう．

ロボット以外に使うもの

■赤外線ボール

ジュニア用のボールは，赤外線を出すようになっています．レゴでは，標準の光センサーを使って，赤外線ボールからの光を検知できます．EKのサッカー・ロボ915もIRセンサモジュールを使って同じように検知できます．

■フィールド

白から黒への単調なグラデーションが印刷された紙をフィールドの床面に

赤外線を発する電子ボール．

使います．これは，光センサーを使って，光の明るさの度合いでフィールド内でのロボットの位置を知るために考えられたものです．ある時間移動した時に，より明るくなったか，暗くなったかを調べれば，どちらに進んでいるのかがわかるかも知れません．

フィールドを囲む高さ14cmの壁は黒く，タッチセンサーを使って上手に壁にぶつかったかどうかを，感知するロボットが多いです．

COLUMN 市販のオモチャも使える

外見を工夫する方法はいろいろあるけど，このオモチャが自分の思ったように動いたらなあ…なんて思ったことはないかな？　キットにはマイコンボードとモーターの電極をつなぐものがある．ということはモーターをつんで動くオモチャなら，ボードを載せてプログラムで動かすことができるはずだ．市販のモーターで動くオモチャを改造してみるのはどうだろう？

RoboCup Junior

■工具

ロボットの材料やキットを組み立てるには，いろいろな工具が必要です．ここではあった方がいいものを中心に紹介します．まず家にないか探してみましょう．なければ模型店，文房具店，ホームセンターなどで手に入ります．

●ペンチ

部品を押さえたり，金具を曲げたりする．細かい作業用にラジオペンチという先の細長いものも用意しておく．

●ニッパー

部品を切ったり，導線を切ったりするのに使う．バネで開いた状態に戻るものが使いやすい

●ドライバー

最初はプラスとマイナスを一組用意する．精密ドライバーや大きさの違うものを数種類用意するとよい．グリップが太く握りやすいものが使いやすい．

●ピンセット

小さな部品や導線をつまんだり，押さえたりするのに使う．

●ハサミ

薄いものを切るのに使う．万能ハサミがあると，ちょっと硬いものを切ることができて便利だが，硬いものを切る時は，切り口が鋭くなるので注意．

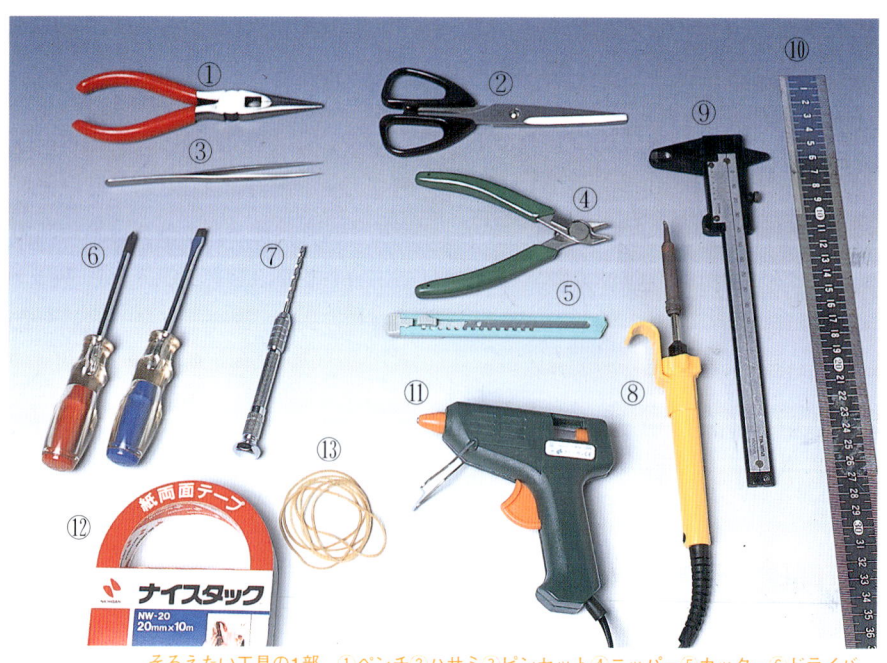

そろえたい工具の1部．1 ペンチ 2 ハサミ 3 ピンセット 4 ニッパー 5 カッター 6 ドライバー 7 ピンバイス 8 ハンダゴテ 9 ノギス 10 金尺 11 ホットボンド 12 両面テープ 13 輪ゴム

第2章　ロボカップジュニアに参加しよう！

●カッター

　部品を切ったり，導線を切ったりするのに使う．文房具店で売っている一般的なもので充分．正確に丸く切るにはサークルカッターがある．凝った細かい加工をするにはアートナイフが便利．薄いプラ板ならカッターで，何回か切れ込みを入れて折ればよい．樹脂の板を切るにはPカッターを使うと便利だ．

●ノコギリ

　ちょっと厚みがあってカッターやニッパーでは切れないものに使う．糸ノコやピラニアソーといった，歯の目が細かい小さめのノコギリを用意しておくと，なんでも切れるので便利だ．

●ドリル／ピンバイス

　ハンドドリルが便利．軟らかな材料（プラスチックなど）に，小さな穴を開けるなら，手で直接回すピンバイスでも充分だ．

●ヤスリ

　切った部品の仕上げに使う．小さな部分なら形を整えることもできる．大雑把な仕上げ用に粗目のものと仕上げ用の細かい目のものを用意しよう．粗目のヤスリはぐんぐん削れるが，表面はキレイにならない．細かいものはキレイになるが，なかなか削れないので，場合によって使い分けよう．

●ハンダゴテ

　ハンダを溶かして，電線同士をつないだり，電子部品を基板に取り付ける．モーターなどの配線は，コネクターが無い場合，ハンダ付けした方が振動などの衝撃に強く不調にならない．

●金尺／ノギス／メジャー

　ロボットをきれいに作るなら，正確に計ることが大事．ノギスはプラスチック製の軽いものでも充分．部品を買いにいく時にも，メジャーなどを持っていくと便利だ．

●防護めがね

　工具で材料を切ったり削ったりする時に，破片が勢いよく飛んで目に入ることがあるので，防護めがねをして作業をすると安心だ．

●ビニールテープなどの接着するもの

　電線をつないだところを絶縁する時などに使う．また外れた場所の応急処置にも使えるぞ．**ホットボンド／両面テープ／輪ゴム**などもあると応急処置に便利．また，色付きのボンドもあるので，デコレーションにも使える．

■工具箱

　最初はお菓子などの入っていたボール紙や缶で充分でしょう．工具が増えてきたら，ホームセンターなどで売っているプラスチック製の軽いものが持ち運びやすく使いやすいでしょう．

RoboCup Junior

工具箱の例．良く使う細かい部品や工具を仕分けしてまとめておくと，移動も楽にできる．

仕分け用の小さなケースを工具の大きさによって組み合わせて使うといいでしょう．ネジなど小さいものを入れておくには，フィルムケースやピルケースも使えます．いつも使う道具が1つの箱にまとまっていれば競技会に行く時も忘れ物をしなくていいでしょう．

レゴのブロックも細かいので，量が多くなったら同じ形ごとに仕分けしておくと，作業がしやすいでしょう．

■乾電池，充電池

予算や競技時間、試合数を考えて電池を選びましょう．

●マンガン乾電池：値段は安いが，電流がたくさん流れるモーターに使うとすぐになくなってしまう．電子回路に使うなら問題ないだろう．

●アルカリ乾電池：スーパーやコンビニなどで入手しやすい電池だが、マンガン乾電池に比べて値段は高い．しかしマンガン乾電池に比べて長持ちする．

●ニッケル水素電池：動作テストなどでたくさんの電池を使う場合，充電池を使う方法もある．充電器を含めると値段はかなり高くなるが，500回くらいは繰り返し充電して使える．モーターのように電気がたくさん流れる使い方でもアルカリ乾電池と同じくらい長持ちする．

COLUMN その他の電池

携帯電話，ノートパソコンなどで標準的になっているリチウムイオン電池は軽くて長持ちするが，値段が高く，単三型などのロボットで使いやすい形になった製品もないので，ちょっと扱いが難しいでしょう．

ダンスロボットに応用してみよう

サッカーのロボットで使っているセンサーやギアボックスを使うとダンスロボットの動きをより面白くすることができるでしょう．

例えばロボットが動く道筋を決めるのにライントレースが使えます．センサーが反応できるように床や壁に色や模様などをつけて工夫します．ただしサッカー競技よりも，ロボットの移動範囲が自由で広いため，照明や外の光の影響を受けやすいので，光センサー

第2章 ロボカップジュニアに参加しよう！

を使う場合は，それに対応できるように工夫しましょう．

競技会前の確認，起こりやすいトラブル

■ネジはちゃんと締まっているか？

壁にあたって回転部分に無理な力がかかればギア／ネジ／タイヤにゆるみ

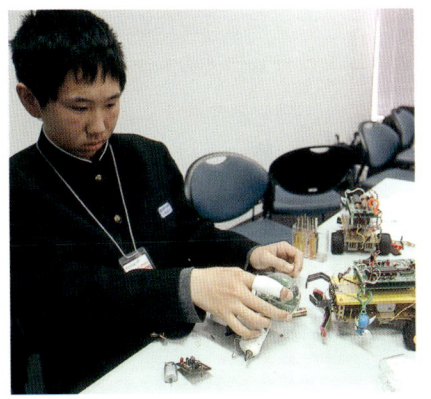

ボールを使って，ロボットの赤外線センサーがちゃんと作動しているかチェック！

が生じてきます．しっかりと締めておきます．ネジやナットは外れて無くなることもあるので，余分に用意しておくといいでしょう．

タッチセンサーは，頻繁にぶつけることになるので，曲がったり外れたりしないようにきちんと取り付けるか，調整しやすい構造にしておきましょう．

■配線の外れそうなところは？

センサー，電池，モーターへの配線を特にチェックします．センサーがず

れると思ったとおりの動きができなくなるので，しっかり固定します．

センサーがうまく働かず，ロボットに負荷がかかると，ギアボックスのギアの歯が欠けたり，モーターが焼きついたりして，ロボットが完成した直後の性能がだんだん出なくなります．電池は重いので，しっかり固定します．

電池が無くなるとプログラムのダウンロードがうまくいかなくなり，動作も遅くなります．最後に電池の交換をしてから，どのくらい動くことができるのか普段から気にしておいて予備の電池を用意しましょう．

■落ち着いていつも通りに

競技会は，特別な事ではありません．練習時と同じように行います．念のため，いつも使い慣れている工具，パソコンなどを会場に持ち込みましょう．

いつも使い慣れているものを持参しよう．

2-3 ロボットは自律型

野村 泰朗

自律型とは

"自律"とは読んで字のごとく"自らを律する"という意味です．自律型ロボットは，ロボット自身が，外部の変化や，また内部で起こった変化にうまく対応し，次の行動をどう決定していくか判断をします．"律する"とは"制御する"という言葉にも置き換えられるでしょう．

ここでは，実際にロボカップジュニアの2対2サッカー競技のルールに基づいて，どうやってプログラムとしてサッカーをするロボットの動きを実現することができるか考えてみます．

ロボットを動かすためのプログラムは，直接ロボットに入力するのではなく，パソコン上の「プログラム開発環境」や「プログラミング環境」と呼ばれるプログラムを作るために必要な機能を全て持っているソフトウェアを使って作ります．図1は，イーケイジャパンのサッカー・ロボ915で使われる開発環境『TileDesigner』です．作ったプログラムを，実際のサッカー・ロボ上のコントローラーに入れて（この作業を〈ダウンロード〉と呼びます），

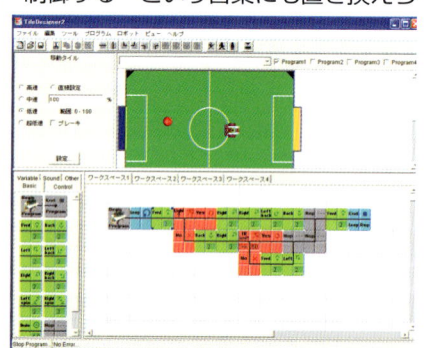

図1　TileDesignerの画像

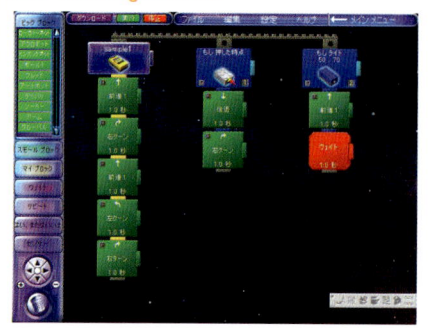

図2　LEGO MINDSTORMSの開発環境

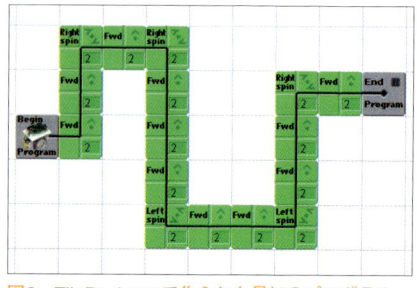

図3　TileDesignerで作られた最初のプログラム

第2章 ロボカップジュニアに参加しよう！

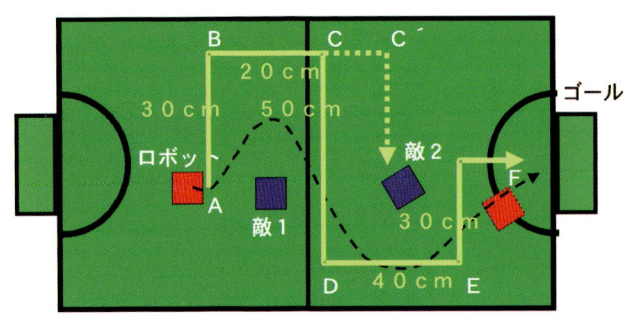

図4 サッカーフィールド上のロボット

ロボットを動かすことができます．レゴにも，図2のように同じような開発環境があります．ソフトウェアは，パソコンの機種やWindowsやMacOSといったOSを選ぶこともありますので，最初に確認をしておきましょう．

では，具体的に図3のプログラムを例に見て行きましょう．図3のプログラムは，図4のようなサッカーフィールド上の敵ロボットを避けてA地点からF地点までロボットを動かすプログラムです．

プログラムの基本的な考え方

図3のプログラムは，よく見ると「Fwd」とか「Left」と書かれた小さな

表1 TileDesignerでは，ロボットに対するさまざまな命令はタイルとして用意されている．

タイル	名称	機能
Fwd／Back	前進タイル／後進（バック）タイル	一定時間、ロボットを前進／バックさせます。
Left spin／Right spin	右回転タイル／左回転タイル	一定時間、ロボットを右回転／左回転させます。
Touch	タッチセンサー	タッチセンサーが反応しているかどうかを判断し，その状態によってプログラムの流れを枝分かれさせます。
IR？／IR level？	赤外線センサー条件分岐タイル（ディジタル／アナログ）	赤外線センサーが反応しているかどうかを判断し，その状態によってプログラムの流れを枝分かれさせます．赤外線ボールを探したり、ボールまでの距離を知るのに使うことができます。
Light？／Light level？	可視光センサー条件分岐タイル（ディジタル／アナログ）	可視光（目に見える光）センサーが反応しているかどうかを判断し，その状態によってプログラムの流れを枝分かれさせます．床の明るさを判断するために使うことができます。
Loop／End Loop Rep	無限繰り返し（ループ）タイル／繰り返し終了タイル	繰り返しタイルと、終了タイルで囲まれたプログラムを、無限に繰り返します。

「タイル」が並んでいます．これはロボットへの〈命令＝コマンド〉です．つまり，プログラムは命令の集まりなのです．

プログラムをロボットのコントローラーにダウンロードして実際に動作させることを「実行する」と言います．

一般に，プログラムは実行させると，プログラムに書かれている命令を「順番」に実行して行きます．プログラムを作るというのは，どの命令をどの順番で実行するかを決めることなのです．

図3の中の一番左端(ひだりはし)にある「ロボットタイル」が，最初に実行される場所をあらわします．その右に続くタイルには，中心を黒い線が通っていますが，その線に沿って順番に命令が実行されるのです．そして，線が切れた所でプログラムの動作は止まります．

さまざまな命令

TileDesigner(タイルデザイナー)には，図1の左側に並んでいるように様々な命令タイルが用意されています．表1を参考にしながら，図3のプログラムを見直してみてください．

動きの細かさを考える

ロボットが敵ロボットをかわして図4のA地点からF地点へ向かうプログラムは，前進，左回転，右回転のタイルを組み合わせて作ることは分かりますか？　実際に移動する距離(きょり)は，ロボットのスピードやタイル1つあたりの時間が分かれば求められますね．例えば，タイル1つあたりの時間を3秒，スピードを10ｃｍ／秒と設定すると(*1)，図5のプログラムでB地点の角を曲がることができることが分かるでしょう．では，B地点を曲がって，さらに次のＣ地点を曲がるところまでのプログラムを考えてみます．図5のようなプログラムだと，B地点はうまく曲がることができますが，Ｃ地点を行き過ぎてＣ′地点まで行って右折することになって，敵ロボットにぶつかってしまいます．

今度は，タイル1つあたりの時間を1秒にすると，図6のようなプログラムでＣ地点もＤ地点も上手に敵をかわ

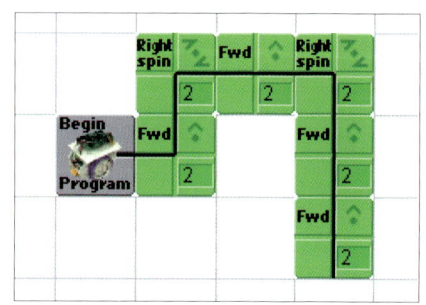

図5　Ｃ地点をうまく曲がれない…敵と衝突！

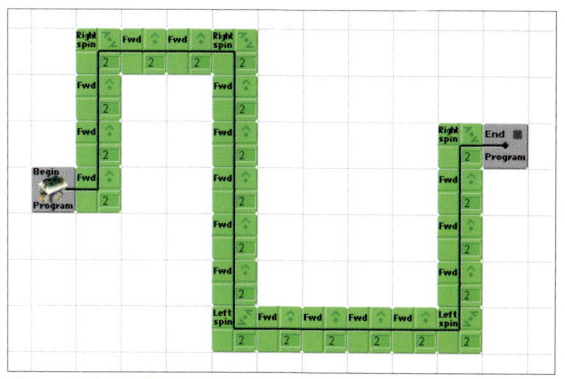

図6 D地点まで敵をかわせた！

ロボットを，前進させるタイルや回転させるタイルの，1つあたりの移動距離や並べるタイルの個数を決めることは，サンプリングの細かさを考えていることになります．正確でなめらかな動きにしようとすればするほど，プログラムは膨大で複雑になっていきます．

すことができます．タイル1つあたりの移動距離を小さくすればするほど，プログラムを細かく書かなければならなくなりますが，一方で，ロボットは細かな動きができるようになり，上手に曲がり道を通りぬけることができました．

(*1) ここでは，説明を簡単にするために，回転については，タイル一つで90度（直角）に曲がることができることとします．もちろん，回転についても同じように，タイル1つあたりの回転角度を上手に設定しないと，C地点のような曲がり角では思い通りに曲がれません．

サンプリングで動きを捉える

　一定時間動くタイルを並べてロボットの動きを表すことを，動きの〈サンプリング〉と呼ぶことができます．サンプリングは「時間が経つにつれて変化する現象を，効率よく記録する方法」です．

センサーを使って賢く動く

　早速，ロボットを動かしてみましょう．まずは，まっすぐ前進するプログラムを図6のように作りました．このプログラムを，サッカー・ロボ915にダウンロードします．実際に動かす場所は，図7のような直線です．例えば図4のB地点からC地点まで，前進させるような場合にあたります．ここでは，プログラム上で，タイル1つあたりの速さや時間をあらかじめ調整して，図6のプログラムでだいたい1m前進するようにしました．

図7 前進するロボットのプログラム

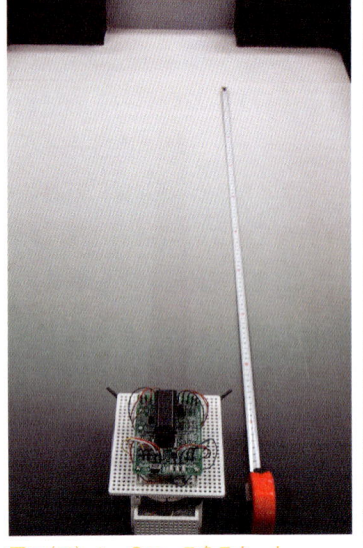

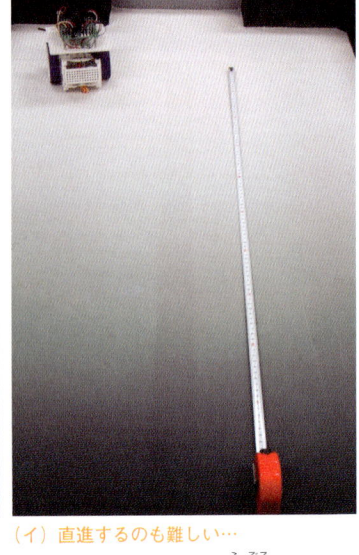

図8（ア）1mのコースをスタート　　（イ）直進するのも難しい…

　さて，実際に動かしてみると図8（イ）のようになってしまいました．確かに前進はしているのですが，左に少し曲がってしまっています．このように，実際のロボットはプログラムでは前進することになっていても，実際にまっすぐに動かすのは難しいことなのです．その理由は，
・左右2つのモーターの特性（トルクや回転速度）が違っている
・左右のギアボックスの性能が違っている
・左右のタイヤをつなぐ車軸が曲がっている
・左右のタイヤの大きさが違っている
　…いろいろな原因が考えられますが，まとめるとロボットが左右2つのタイヤで動くロボットなので，左右のモーターやギアボックスの性能が不揃いであることが原因なのです．左右のバランスが悪くなってしまう原因には大きく2つあります．1つは，部品の不揃いによるものです．左右で全く同じ性能の部品を使うことができれば問題ないのですが，実際にはトルクや回転速度が全く同じ性能の部品を2つ以上用意することは非常に難しいことなのです．もう1つの原因は，例えばギアボックスのように，同じものを2つ組み立てる時の，組み立て方の不揃いによるものです．同じように組み立てているつもりでも，ネジの締める強さが違っていたり，すべりをよくするグリスの塗り方が違っていたりすることで，性能が違ってきます．

理想に近い動きを実現するには

　ロボットに，理想に近い動きをさせ

るには大きく2つ考えられます．

実際に，タッチセンサーを使ったプログラムを実行すると，前進をすると左に曲がってしまうロボットが，図9（ア）のように壁にぶつかってしまっても，（イ）のように少し右に回転して避ける行動をして前進し，また（ウ）のようにぶつかっても前進を始めます．

タッチセンサーの状態を知る

このような動きをさせるプログラムは，図10のような〈フローチャート〉(*2)で表すことができるでしょう．ロボットが壁にぶつかっていない時には，図8のひし形の条件分岐部分で，タッチセンサーは壁にぶつかっていないと判断します．そこで，プログラムの流れは，まっすぐ下に進み前進をします．今，ロボットの左側が壁にぶつかっているとすると，条件分岐部分で，タッチセンサーは壁にぶつかっていると判断します．

すると今度は，プログラムは右に進み，少し後進（バック）して壁から離れてから，壁を避けるために右に曲ります．図10をTileDesignerで書いてみると図11のようになります(*3)．

(*2) フローチャートはプログラムの流れを説明するために最もよく使われます．
(*3) 「YESタイル」と「NOタイル」の使い方は，図9のように条件分岐タイルに続けて並べ，タッチセンサーが反応した場合のプログラムは「YESタイル」の後に続けて並べます．同様に，反応していない場合のプログラムは「NOタイル」の後に続けて並べます．

図9（ア）タッチセンサーで壁を避ける　（イ）また前進をはじめる…　　（ウ）また壁にぶつかる…

```
                    ┌──────────────┐
                    │ プログラム開始 │
                    └──────┬───────┘
                           ↓
              ╱╲ タッチセンサーが壁に ╱╲  ぶつかっている
    ぶつかっていない  ぶつかったか確かめる
              ╲╱                    ╲╱
         ↓                              ↓
    ┌─────────┐                  ┌──────────────┐
    │ 前進する │                  │ 後進(バック)する │
    └─────────┘                  └──────────────┘
                                         ↓
                                  ┌──────────┐
                                  │ 右に曲る │
                                  └──────────┘
```

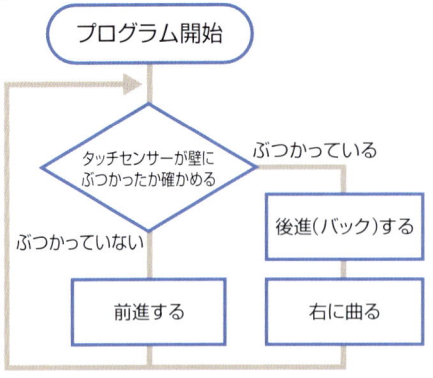

図10　プログラムの流れを表すフローチャート

繰り返して〈状態〉を調べる

ところで，時間の経過を意識しながら，図11のプログラムを見直してみましょう．実行を開始すると，まず条件分岐タイルでタッチセンサーの状態を調べますが，これは一瞬(*4)で終わります．そして，状態によって流れが分かれますが，YESタイルやNOタイルでは時間は全くかかりません．そして，前進タイルや後進タイルで一定時間移動すると，そこでプログラムは終了します．つまり，このプログラムを実行すると，YESタイルかNOタイルの後に続くプログラムが1回だけ一定時間実行されるわけです．

しかし，今，ロボットはずっと前進している中で，もし壁にぶつかったらいつでも進行方向を修正するという動きをして欲しいわけです．ですから，図11のプログラムを，何度も繰り返して実行していないと，ロボットは前進し続けないため，図12のように修正する必要があります．

> (*4) 一瞬というのは，ほとんど時間がかからない（経過しない）という意味です．前進タイルなどでの移動時間に較べると無視できる時間と言い換えることもできます．実際には，タッチセンサーの状態を知るためにもコントローラ内部では数十マイクロ秒程度の時間はかかります．

赤外線センサーでボールを探す

図13のプログラムのようにロボット

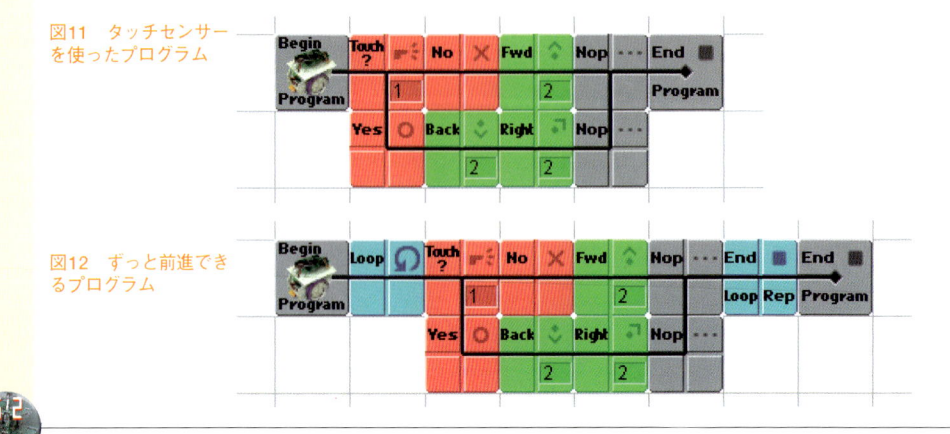

図11　タッチセンサーを使ったプログラム

図12　ずっと前進できるプログラム

を動かすと，赤外線センサーを使ってボールを追いかけることができそうです(*5).

またボールまでの距離(きょり)を知る必要がありますが，それは赤外線の強さを使って知ることができます．

(*5) ここで使っている赤外線センサーは，単純にボールからの赤外線を検知したか，検知していないかを知ることができるものとします．また，赤外線センサーは，ロボットの正面につけるものとします．

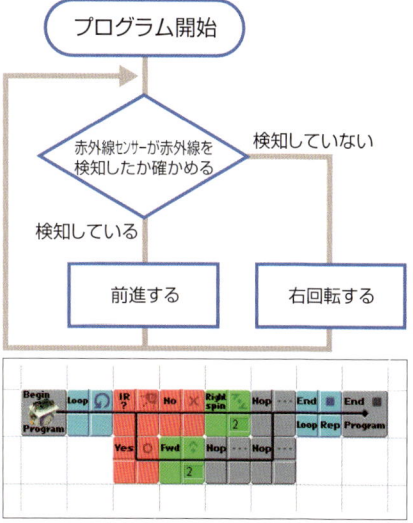

図13 赤外線ボールを見つけるフローチャートとプログラム

ゴールはどっちにあるのか

光センサーは，図14のような，ロボカップジュニアの色に応じた床(ゆか)の明るさに反応します．

ロボットがいる場所の床の明るさによって，今，フィールドの中のどこにいるのかをある程度知ることができます．

図14 グレースケールになった床

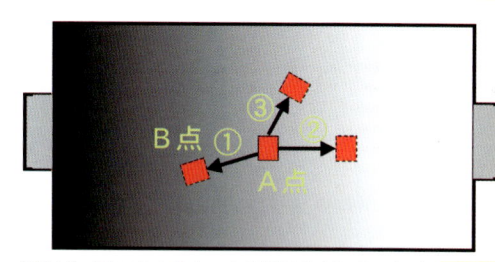

例えば，図14のA点とB点の明るさを知ることができれば，
① もしA点の明るさ＞B点の明るさ なら 黒ゴールに向かっている
② もし A点の明るさ＜B点の明るさ なら 白ゴールに向かっている
③ もし A点の明るさ＝B点の明るさ なら サイドの壁に向かっている
のように，ロボットが向かっている方向を知ることができるでしょう．

ロボットの気持ちになって考える

ここまで，サッカーをするロボットの動きを実現するプログラムの仕方について，いくつかのポイントを紹介(しょうかい)してきました．みなさんのロボットが，フォワード選手なのかキーパーなのかによって，これらの組み合わせ方が変わってきます．

ロボットのプログラムを上手に作るためには，自分が実際にフォワードやキーパーの選手になって試合場面をよく想像（イメージ）すること，すなわちロボットの気持ちなって考えることがとても大事です．

2-4 ロボカップジュニアの ルール紹介

監修：江口　愛美
（ロボカップ国際委員会）

サッカー・ルール

1対1：小学生対象
2対2：小学，中学，高校生対象

ロボカップジュニアのサッカーは，人間のサッカーと同じように，ロボットがボールを蹴り，ゴールに入れて得点を入れて競う．競技は2対2と1対1の2種類．基本的なルールは同じだけど，ロボットの数と大きさ，フィールドのサイズが違うので気をつけよう．

フィールド

フィールドの大きさは右ページのようになっていて，周囲は高さ約14cm，厚さ2cmの壁で囲まれている．フィールドは平坦で傾斜のない場所に置かれることになっているけれど，ロボットをデザインするときは，フィールド面が多少湾曲していても対応できるように工夫しておくほうがいいね．

フィールド内には，5つの中立点を設ける．試合の進行が止まった時など，審判がその点にボールやロボットを置きなおす場合に使うんだ．1つはフィールドの中心に，残りの4つはゴールポストからそれぞれゴールと同じ長さ（1対1なら29cm，2対2なら45cm）だけ内側に入ったところとする．実際には表示されず，フィールドの長い辺上に目印となるマークが付けられる．

ロボット

ロボットは自律型．大きさは1対1の場合は最大で直径18cm以内，2対2なら22cm以内，高さはどちらも

フィールド

1対1 Field

- フィールドの幅　91cm
- コーナーピース　8cm
- フィールド内の幅　87cm
- 壁は光沢のない黒、ゴールはグレー
- フィールドの長さ　119cm
- フィールド内の長さ　115cm
- 端の長さ　29cm
- ゴールの幅　29cm
- ゴールの奥行き8cm
- 中立点はフィールド上に明示されない

2対2 Field

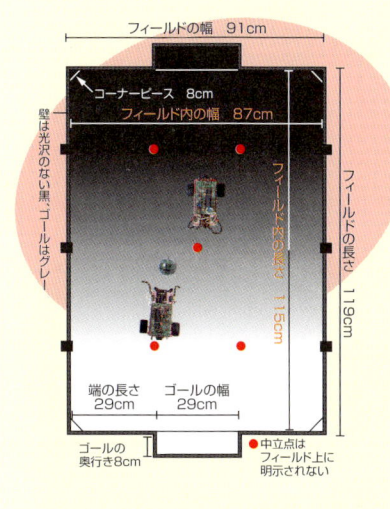

- フィールドの幅　122cm
- コーナーピース　8cm
- フィールド内の幅　118cm
- 壁は光沢のない黒、ゴールはグレー
- フィールドの長さ　183cm
- フィールド内の長さ　178cm
- 端の長さ　36.5cm
- ゴールの幅　45cm
- ゴールの奥行き8cm
- 中立点はフィールド上に明示されない

壁の高さ：約14cm
フィールドの床は黒から白へのグラデーションになっている

- 5つある中立点の1つはフィールドの中心に置く．4つはゴールの幅で，長い辺に沿ってゴールポストに並んで置かれる．
- 中立点はフィールド上に明示されないが，その位置がわかりやすいよう，フィールドの長い辺のライン上にマークが付けられる．

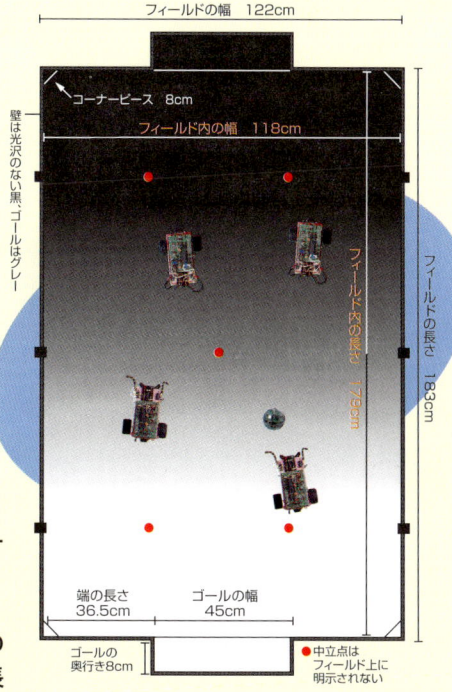

22cm以下と決められている．同じチームのロボットには，同じ装飾をしてわかりやすくするといいよ．

デザインは自由だけど，他のロボットの光センサーの作動を妨げる(さまた)ような色やライトを使ってはいけないよ．

競技参加ロボットは，1対1の場合は1機，2対2の場合は2機だ．ロボットは，参加するキミたちによってプログラミング・製作されたオリジナルであれば，市販(しはん)のキットやブロック，電子部品やハードウェアを使ってもいいんだ．ただし，ロボットが赤外線を発っするようにしてはいけない．

ボール

ボールは赤外線を発する，バランスのとれた電子ボールを使う．RoboCupジュニアの技術委員会（テクニカル・コミッティ）公認の電子ボールが2種類供給されているよ．動作状態はどちらも同じになっている．

検査

トーナメントの開始前に，審判(しんぱん)委員団がロボットを検査する．ロボットの大きさだけでなく，参加するメンバー

がロボットをどうやって操作するのか説明するんだよ．ロボットが，参加するメンバーの手で組み立てられ，プログラミングされたことを証明するためなんだ．いくら上手にできていても，ほとんどの部分を先生や大人が作ったロボットなら意味がないものね．

プレー

ゲームは前半・後半各10分ずつで行われる．コインを投げ，その表裏で先にキックオフをするチームを決める．キックオフのときには，ロボットは，フィールド内の自分のチームサイドにいなければいけないよ．

ディフェンス側のチームのロボットは，ボールから15cm離れた場所に置く．キックオフをするチームのロボットのうちの1機は，ボールから5cm以上離しておく．まずディフェンス側のチームがフィールド内の自分のチームサイドにロボットを置き，続いてキックオフをするチームがロボットを置く．

キックオフ

審判の笛を合図に，キックオフをするロボットのスイッチをチームメンバーが入れる．このロボットがボールに触れた時点で，審判が再び笛を吹くので，それからチームメンバーは他のロボットのスイッチを入れ，いよいよ競技のスタートだ．キックオフしたロボットは，1秒以上経たないと再びボールにさわることはできないよ．

審判が笛を吹く前に，ロボットをスタートさせてしまうとペナルティーだ．そのロボットは審判の手でフィールドの外に出され，1分間は競技に参加できなくなってしまうので気をつけよう．

キックオフの後は，人の手でロボッ

トを動かしてはいけない．ただし，ロボットが動けなくなったり，故障した場合は，審判の判断でゲームが中断され，審判によってロボットが動かされる．その間も試合の時間を計る時計は停止しないので気をつけよう．

それぞれの試合開始前に，チームはキャプテンを指名しておく．キャプテンは試合中，フィールドの近くに着席し，ルールに基づいて審判に指示された時に，「ロボットをスタートさせる」，「フィールド上にロボットを置く」，「移動させる」，「撤去する」ことができる．他のメンバーは，審判の指示がない限り，着席していなければならない．

ロボットとボール

ロボットがボールを「ホールド」してはいけない．たとえば，ボールをロボットのボディーにぴったりくっつけてしまったり，ロボットのボディーを使ってボールを囲い込み，他のロボットがボールにさわれなくしてしまうのは，ルール違反となる．

蹴ったボールがゴールに転がり込ん

ゴールに向かって，ボールをドリブルしていく，フォワードロボット！

シュートが決まった！　ボールが，完全にゴールの中に入ったら，ゴールが決まる．

だら，「得点」になる．ただし，ロボットがボールに最初に触れた地点が，ゴール前15cm以内であれば，蹴っていなくてもゴールが認められる．ゴールが決まったら，審判が笛を吹いて知らせ，今度は相手チームのキックオフで試合が再開される．

ゲームの中断

ゲームが中断されるのは，次のような状態になった場合だ（ただし，その間も試合の進行時間を計る時計は，進んでいるので気をつけよう！）．

①「身動きのとれなくなったロボット」

これは，ロボットが故障してしまった，ロボットが壁に向かったまま動かない，コーナーにはまってしまった，他のロボットにさえぎられて動けないなど，ロボットが20秒以上動かない状態が当てはまる．

②「ロボットの復帰」

故障してフィールドの外に出ていたロボットが，修理を終えてフィールドに戻される場合．

③「進行停止」

ロボットが全くボールに触れないま

フィールドの角で，ロボットとロボットの間にボールがはまってしまい，動かなくなってしまった．

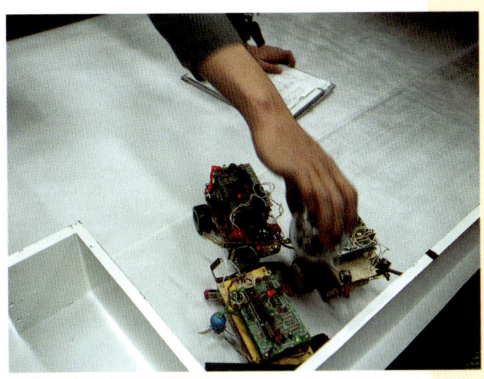

20秒以上，ボールの位置が変わらないと，審判がボールを取り出すよ．

この時は，ロボットの位置は動かさずに，ボールだけを近くの中立点に移して試合再開！

ま20秒以上経ち，どのロボットもボールに接触しそうにない場合．また，ボールが何機かのロボットの間，または，ロボットと壁の間に挟まって20秒以上動かない場合．

④「複数のディフェンス」

ディフェンス（守備）サイドのロボットが１機以上ゴール近くに来てしまい，実質的にゲームに影響を与えている場合．

その他にも，審判がゲームの中断が必要であると判断した時は，審判は笛を吹いて，ゲームを中断したことを伝える．笛が吹かれたら，すべてのロボットは止められる．必要であれば審判はボール，もしくは，ロボットの位置を中立点に動かす．

中立点

①に関しては，ロボットは，動けなくなった位置から一番近く，他のロボットの妨げにならない中立点に移動される．

②に関しては，ロボットは，ロボットがフィールドから出された時にいた地点から一番近く，他のロボットの妨げにならない中立点に戻される．

③に関しては，ボールだけ，他にロボットのいない中立点に移動される．

④に関しては，ゴールに近い方のロボットが，そのロボットの攻撃ポジションにもっとも近く，他のロボットの妨げにならない中立地点に移動される．

その他のルール

ゲーム中にロボットが壊れてしまった場合は，チームメンバーは審判の指示に従って，その故障ロボットをフィールドから撤去することが許されている．チームはその場で故障を修理し，１分以上たってから，審判の定める場所にロボットを戻すことができる．

ロボットを撤去するときや戻すとき，審判は，ゲームを中断することができる．その間も，またロボットを修理している間も，時計は止まらずに進むよ．

ロボカップジュニアのサッカーでは，フリーキック，ペナルティーキック，オフサイド，タイムアウトといったルールは存在しないんだ．また，ロボットの交代も固く禁止されている．

行動規範

故意に他のロボットの行動を妨げた

第2章 ロボカップジュニアに参加しよう！

り，フィールドやボールにダメージを与えたりするロボットは失格となる．もちろん，そのような行為をするチームメンバーも失格になる．

トーナメント会場内での動作や態度は，冷静なものでなければならない．態度の悪い参加者は，会場から退出させられたり，トーナメント参加資格を失うことだってあるんだ．チームのことだけを考えるのではなく，トーナメント全体の運営がスムーズにいくような心がけをしよう．

すべての結果による成果は，競技終了後，他の参加者との間で共有される．みんなの技術を参考にしあうことで，お互いにより高い水準にステップアップしていけるといいね．

大切なのは「勝ち負け」ではなく「どれだけ自分のものにしたか（学んだか）」ということなんだ．たとえ試合には勝てなくても，失敗から学ぶこともきっとたくさんあるだろう．

フェアプレイの精神で，精一杯のチャレンジをしよう．

ダンス・ルール

ダンス：小学，中学，高校生対象

　ダンス競技の最大の特徴は，「自由なアイディア」と「創造性」だ．ロボットの大きさも，ロボットの数も，装飾も音楽も自由に決められる．ロボットだけが踊ってもいいし，人間が一緒にダンスをしても構わない．ロボットと人間のチームメンバーがおそろいの衣装を着て，同じステップで踊ったりするのもすてきだね！

　規制が少ないだけに，どのチームもみんなをアッと驚かせるような工夫をするだろう．製作，プログラミング，音楽，デザインなどそれぞれを得意とするメンバーと力を合わせてチャレンジしよう！

ステージ

　ステージは10m×5mの平面だ．照明は，スポットライトが直接当たらないことになっているけど，照明のコンディションは競技場ごとに違う場合が多い．ロボットをデザインするとき，ある程度対応できるように工夫しておくといいね．

　背景は，チームで独自に用意することができる．お芝居やミュージカルの舞台みたいだね！

ロボット

　ロボットの条件は「自律型であること」．スイッチを入れるのは，人間の手でも，リモコンを利用してもどちらでもよい．それ以外には特に規制はなく，大きさも数も装飾も自由だ．

　大きいロボットを1機作るか，小さ

お芝居やミュージカルの舞台みたいに背景を作ってきてもいいんだよ．

第2章 ロボカップジュニアに参加しよう！

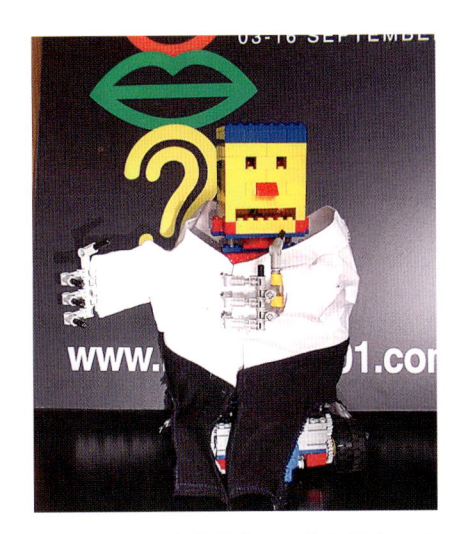

いのをたくさん作るか…．もちろん，大きいものをたくさん作っても，小さな1機を作ってもかまわないよ．ステージの広さをじゅうぶんに活かせるようにしよう．

ルールブックには，「各チーム，工夫を凝らした衣装を準備することを推奨（すいしょう）する」とされている．ここでみんなの「創造性」が問われるわけだ．

演技

演技時間は2分以内，音楽はCD，カセットテープ，MP3のどれかで，なるべく録音状態の良いものを準備しよう．数秒感の空白のあとに1回分の音楽を録音しておく．

見ている人をあっと言わせる動きも，楽しいぞ！

パフォーマンスは，ロボットだけでもいいし，人間のチームメンバーがいっしょに踊ってもいいんだ．ただし，人間がロボットにさわってはいけないよ（最初にスイッチを入れる場合をのぞく）．これはサッカーと同じ，ロボットが自律型であることが前提だからだね．

> **Column 音楽を使う時のヒント**
>
> ロボットのプログラミングをするとき，音楽が始まって数秒たってからロボットが演技を始めるようにしておいたほうがいいと思うよ．
>
> どうしてかというと，音楽のプレーボタンを押してから，どれくらいの時間で実際に音楽が聞こえてくるのかの予測がとっても難しいからなんだ．その状態で，ロボットの振り付けを音楽に合わせるようプログラミングするのは難しい．ステージの配置や会場のサウンドシステムによって違いができるので，チームは，そういう状況に対応できるようにしておこう．

判定

判定は，複数の審判がプログラミング，ロボットの組み立て構成，衣装，振り付け，創作性，独創性，エンターテイメント性のそれぞれを10点満点で採点されるんだよ．ロボットの性能だけを追求するのではなく，ロボットといっしょに楽しむ「心」も頑張って磨いていきたいね！

ロボカップジュニアで，大切なことは，「勝つこと」ではなく，いい経験をして楽しく「学ぶこと」．サッカーもダンスも，フェアプレイの精神で競技に臨もう！

●ルール，レギュレーションの詳細はhttp://www.robocupjunior.orgでチェックしよう！

第3章 ロボカップジュニアにチャレンジ！

3-1 ロボットとの出会い

マンガ
はやのん

○○チーム ボールを運び シュートを 決めたぁー!!

ワァァァ
ガコン

へ〜 すごいね
ロボットが サッカー するんだってー

こういうの 作ってみたい よねー
もんちゃん

だって ロボット作りって 難しいんだろ？
小，中学生に 作れるワケ ないって
だってくん

第3章 ロボカップジュニアにチャレンジ！

初めて作る人や初心者は
ロボット本体や
組み立てるキットを
動かすためのソフトを
使ってもいいって
私たちも
作ろうよ
お兄ちゃん！
よし！
ロボカップ
ジュニアに
挑戦だ！
その夜
え？
ロボットを
作りたい？
おねがい
お父さん!!
お母さん!!
まあ
おもしろ
そうだよ
な
それじゃあ
今年の
誕生日
プレゼントの
先払いって
ことに
するわ
それから　庭の
草むしりとかも
やってもらおう
かしら
おつかいとか
犬のノミとりも
要求
多すぎ!!
こうして
だってくんともんちゃんの
ロボット作りは
なんとかスタートした…

3-2 ロボットを作ろう！

RoboCup Junior

わあー
ロボットの
材料だ

こういうキットを
使わずに
自分で一から
作ることだって
できるんだ

でも
ボクたちは
初めてだから
キットで作って
みよう

自信のある人は
チャレンジ
してみて！

このパーツを
組み合わせて
作るのね

まずは
どのタイプに
するのか
考えてみよう

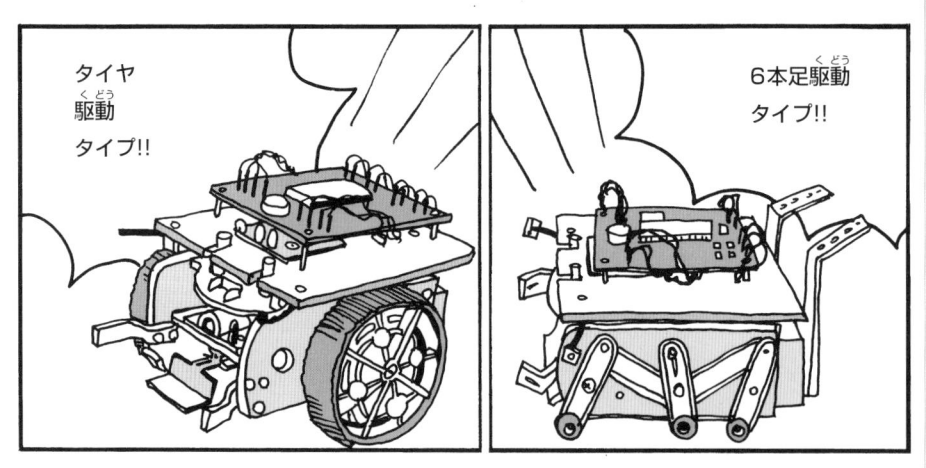

第3章 ロボカップジュニアにチャレンジ！

タイヤ
駆動
タイプ!!

6本足駆動
タイプ!!

そして
ベルト駆動
タイプ!!

それぞれの
役割を考えて
タイプを選ぼう！

どれに
しよう
かなあ

う〜ん
……
私は
ガンガン攻める
フォワードが
いいもん！

じゃあ
ボクは
キーパーを
やるよ

よし！
じゃあ　さっそく
組み立て開始！
まずは
ギアボックスを
作ろう！
ギアボックスは
歯車の組み合わせに
よって変わるから
低速・中速・高速の
3種類を考えてみよう
速いけど
力は弱い
高速
[28:12]
[38:12]
[30:12]
減速比　1:110
速さも力も
中くらいの
中速
[28:16]
[38:12]
[32:12]
1:141
遅(おそ)いけど
力は強い
低速
[28:8]
[38:12]
[34:12]
1:188
この
3種類ね！
これも
マシンの役割を
考えて
選ぶべきだね
私のマシンは
フォワードだから
高速かな？
ボクのマシンは
キーパーだから
どっしりと
低速が
いいな

第3章 ロボカップジュニアにチャレンジ！

ねえねえ
ロボットは
どうやって
自分やボールの
位置を
判断するの？

はっ…

見て判断
するんだよ

えーーー
どうやって
見るの!?

フィールドの床は
黒と白の
グラデーションに
なっているんだ

ロボットは
黒と白の
濃淡によって
自分の位置を
知ることが
できるんだ

！

ボールからは
目には見えない
赤外線が
出ている

ロボットに取りつけるセンサーは3種類が考えられる
光センサーで床の明るさを感知
！
目には見えない赤外線を感知する赤外線センサー
！
そしてタッチセンサーだ！
触覚（しょっかく）みたいだもん！
！
センサーカバーの内側を黒く塗（ぬ）ると性能がアップするんだって！
!!
タッチセンサーはビスでしっかりとめよう！
あっはずれちゃったもん！
ごん
ぽろ

第3章 ロボカップジュニアにチャレンジ！

このコントローラーには
マイコンが搭載(とうさい)
されているんだよ

ロボットは
マイコンで動きを
コントロールして
自分の力だけで動く

ミャー

ちっちゃくっても
これはれっきとした
自律型ロボット
なんだよ!!

えー
そんなの
作れるの!?

ホンモノの
ロボット
みたい!!

ホンモノの
ロボット
なんだってば
……

よし！

がんばって
仕上げ
よう!!

仕上げる
もん！

カチャ
カチャ

♪

どりどり

25

RoboCup Junior

完成!!

やったー

さあスイッチオン!!

ぷち

しーん

…

あれ？

わー
電池買ってくるの
忘れてたもん!!

ダメじゃん!!

とりあえずマシンは完成だ！…たぶん…

↑ほったらかし

第3章 ロボカップジュニアにチャレンジ！

3-3 動きをプログラムしよう！

さて マシンは 完成した……

電池も 入れた もん！

次は どうやって 動かすか だね

うーん……

念じる！

んなワケないでしょ!!
ロボットの言葉で命令するの！
えーー そんなのわかんないもん
ボクたちの言葉をロボットの言葉に翻訳（ほんやく）してくれるソフトがあるんだ！
その中にプログラミングを絵タイルで操作するものがある
これなら難しいプログラムがわからなくてもできそうね！
そういうこと！
まずはロボットにどういう動きをさせるか考えて……
うーん

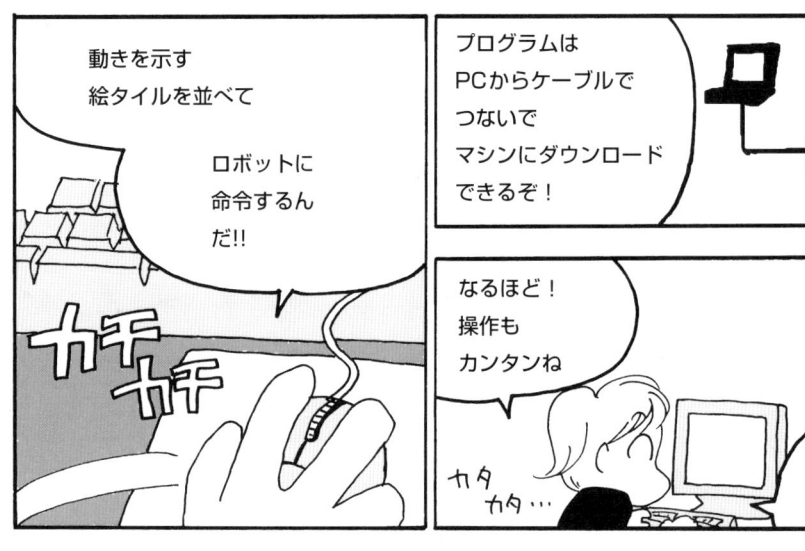

第3章 ロボカップジュニアにチャレンジ！

RoboCup Junior

いろいろな
タイルを
組み合わせて
使おう！

うーん
どうしたら
いいんだ
ろう

先生に
相談しよう！

そういうときは
ロボットの立場になって
考えてみると
いいよ

野村泰朗先生

ロボットの
立場？

たとえば
……

ここに
ボールをおいて

もんちゃんが
ロボット
だとする

第3章 ロボカップジュニアにチャレンジ！

さあ どうやってボールを取る？

えーと

あたりを見回して

ボールが見つかったら

ボールのほうへ移動して

ボールを取る

基本的にはそのとおり！

あっ

どういう動きが必要なのか考えるんだね！

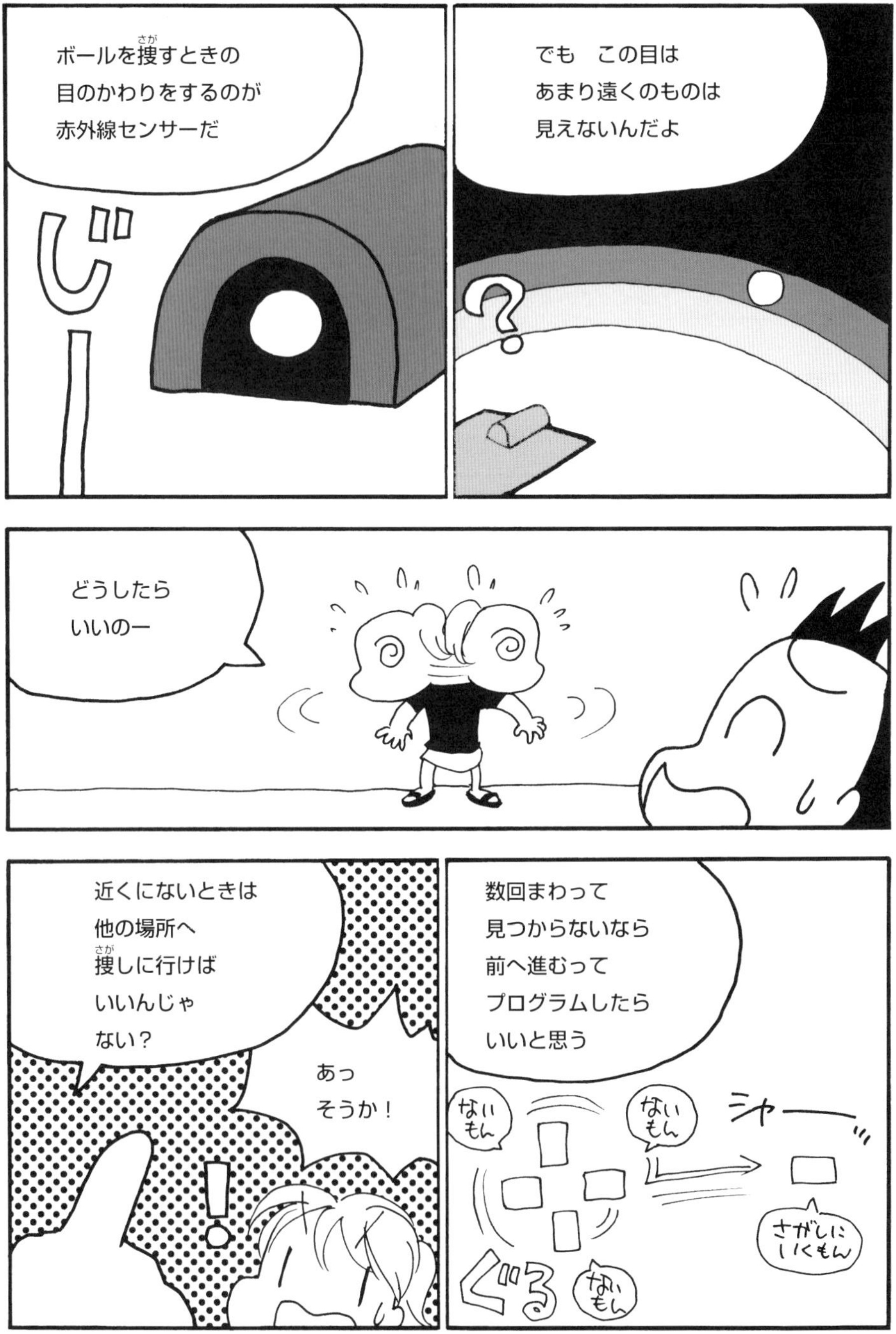
ボールを捜すときの
目のかわりをするのが
赤外線センサーだ
じー
でも　この目は
あまり遠くのものは
見えないんだよ
?
どうしたら
いいのー
近くにないときは
他の場所へ
捜しに行けば
いいんじゃ
ない？
あっ
そうか！
!
数回まわって
見つからないなら
前へ進むって
プログラムしたら
いいと思う
ないもん
ないもん
シャー
さがしにいくもん
ぐる
ないもん

第3章 ロボカップジュニアにチャレンジ！

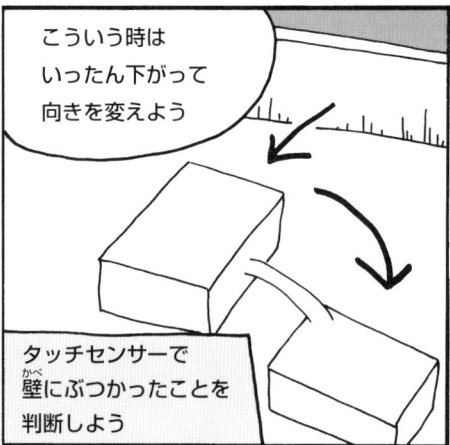

あれれ

壁(かべ)にぶつかってるのにまだ進もうとしてる～

こういう時はいったん下がって向きを変えよう

タッチセンサーで壁(かべ)にぶつかったことを判断しよう

なるほどー
ボールを捜(さが)すために
いろんな動きが
必要なのね

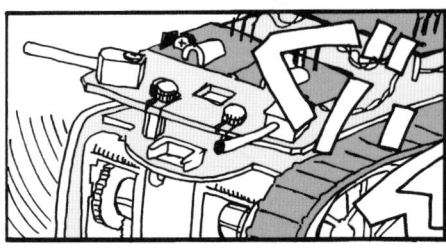

じゃあ
ちょっと
動かして
みよう！

ボールは
目の前だ!!

さあ
運べ!!

シャ～

あれっ!?

ボールは
目の前にあるのに
また捜してるよ!?

いったい
どうして
～～!?

どうしてボールを
見失ってしまったん
だろう!?

3-4 センサーを上手に調節しよう！

どうして
ボールに
気付かないん
だろう？

こわれて
るんだよ！

カンタンに
決めつけちゃ
ダメだよ

必ず
理由が
あるはずだ！

うーーん

手こずっている
ようだね
先生
〜！
よし！
ヒントを
あげよう！
もんちゃん
このイスに
座って
ごらん
いいかい
いくよ
ひゃー
くる
くる
くる
くる
目が回る
も〜ん
だってくんも
やってごらん
よろ
よろ
さて
ひゃー
ぐる ぐる

第3章 ロボカップジュニアにチャレンジ！

ボールが
どこにあるか
見えたかな？

ココに
あったん
だけど……

そんなの
見えるわけ
ないもん!!

どうして
かな？

だって
イスが
すごい速さで
回って
いるし……

はっ

ロボットも
回転が
速すぎて
ボールが
見えないんだ!!

なるほどー
ギアを調節して
動くスピードを
落としてみよう
プログラムを変えて
ゆっくり回るように
してもいいかも
カタカタ
カタカタ
わぁー！
ボールに
気付くように
なった！
シャー
あれー？
先生
ボクのは
まだ
直らない…
どれ
どれ
ひょい

あ
わかったよ
えー なんで なんで!?
そのままの視点で
ボールを捜(さが)してごらん
足下が見えないよ〜
かんたん! ロボット
ロボットも同じような気持ちなんだよ

でも
これより下に
センサーをつける
場所が
ないよ～
ガーン
お手上げの
ようだね
そういうときは
センサーの
おしりを
ちょっと
持ち上げる
くい
やったー
わあ！
バッチリ
だ!!
シャーーー
ナナメのセンサーを
うまく固定する
方法は
自分で考えて
ごらん
うれし～!!

第3章 ロボカップジュニアにチャレンジ！

それからだってくんのロボットはキーパーだからちょっと違う動きが必要だよ

ふつうのロボットはゴールを目指して

あっそうかゴールを守らなくちゃいけないんだ

だってキーパーだし

いまいる場所が自分のゴールに近いかを床の色で判断して

ボールが自分のゴールに近づいたら

守りに回るようにできればカンペキ！

先生！ボールに反応しないよ!!
また だよ……
ああ，これはね…
くりっ
何したのー!?
センサーの横にあるツマミを調節したんだよ
センサーの感度が低すぎるとボールを発見できない
しーん…
逆に感度が高すぎると常に目の前にボールがあるとカンちがいしてしまう
ガーーッ
ボールだボールだ!!

第3章 ロボカップジュニアにチャレンジ！

コロコロコロ
ガー

わあ
じょうず
ー！！

うまくいくようになったね

ボールが追えるようになったらサッカーロボットとして一人前！

いちにんまえ～

あはは

これならロボカップジュニアの大会に出場できそうだ！

大会!?

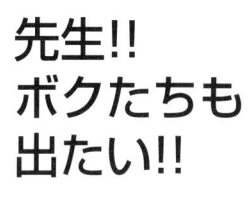

RoboCup Junior

全国の小・中学，高校生が自分で作ったロボットで試合をするんだよ

わあぁぁ

先生!!
ボクたちも出たい!!

出たいもん！

では大会に向けて準備をしよう！

よろしい！

じゃあ　まずはそこで取っ組み合ってる2台を何とかしよう

ああっ!?

がっちり

うぃん　うぃん

ロボカップジュニアの大会に出場!?
思わぬ展開にビックリ…だもん！

3-5 大会への準備

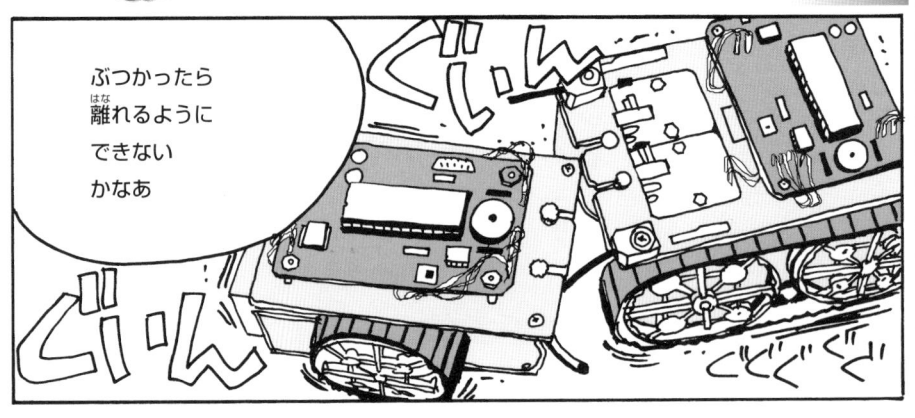

ぶつかったら
離(はな)れるように
できない
かなあ

ロボットが
ぶつかってるって
気付いて
ないんだよな

せっかくの
タッチセンサーが
うまく
働いて
ないみたい

この棒が
ちっちゃい
から
かなあ

あ！
そうだ！

こういうバンパーを つけたら いいんじゃ ないかな!?
なる ほど!
これなら 面でタッチ できるね!
ばん
それに ほかのロボットを 傷つけない もん!
それも 大切な ことだね!
キットに ついてない 部品を 自分でつけても だいじょうぶ かな?
ははは OK OK
わーーー
どんどこ
どんどこ

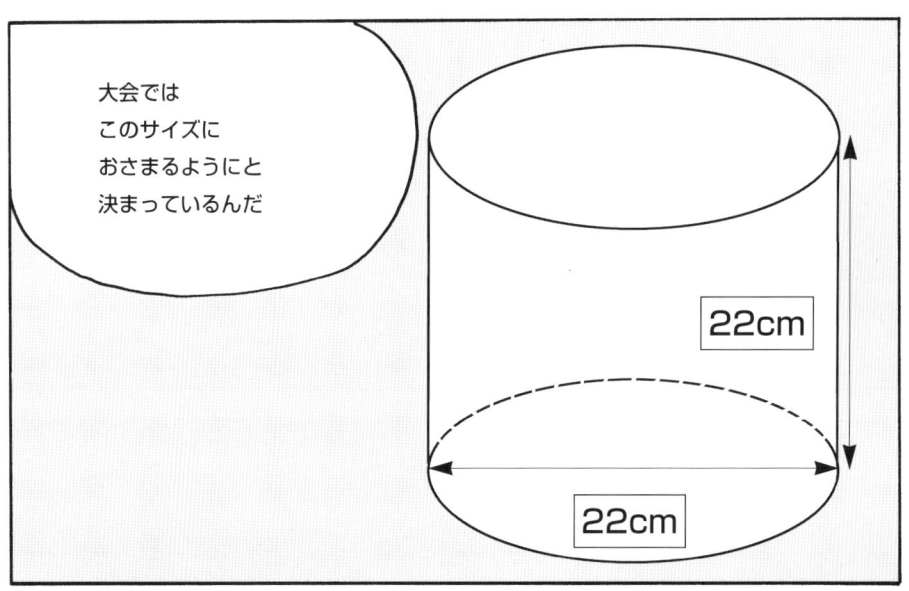

大会では
このサイズに
おさまるようにと
決まっているんだ

22cm

22cm

ほかには
ボールが左右に
こぼれないようにする
アームをつけるのも
いいね!

わー

どんどん
強そうに
なってく
ぞー

ねえ先生
私のロボット
もっとかわいく
したいんだけど
……

規定サイズに
おさまるなら
OKだよ！

ボディは
色をぬることが
できるし

アクセサリーを
いっぱいつけてる
子もいるよ

わー
いいなー

どんなのに
しようかなー

ここが
いちばん時間のかかる
部分だったりして……

なやむ
もん！

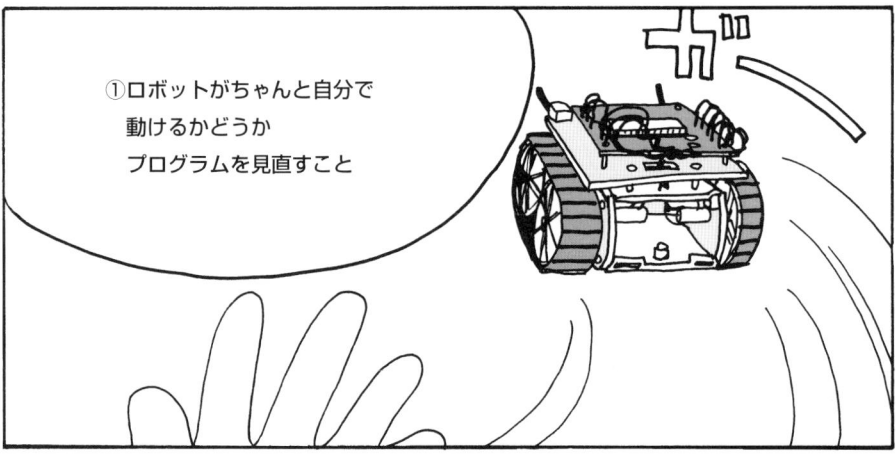

第3章 ロボカップジュニアにチャレンジ！

さて

大会にむけて大切なポイントのチェックをしよう！

本番ではいちど手を離したらあとはロボットにまかせるだけだ

①ロボットがちゃんと自分で動けるかどうかプログラムを見直すこと

②コードや部品が外れないようにしっかり接続を確かめること

③大会のルールどおりに
練習してみよう
試合時間は
何分かな？
まずは
ルール
確認ね！
本番では
いろんなトラブルが
発生しますからね
ドキドキ
するもん
あ！　すごく
大切なことを
忘れてました！
えっ
何!?
チーム名を
決めましょう！
がくっ
！
大会はもう
目の前だ！

3-6 試合はハプニング続出！

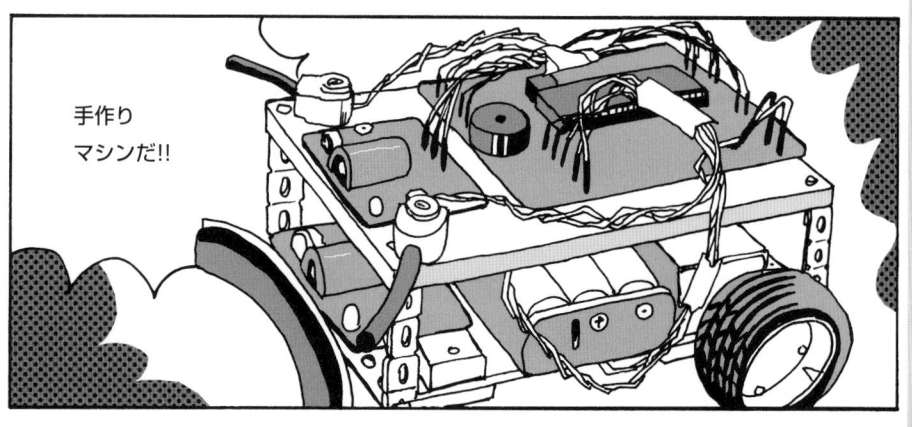

うわー
人がいっぱい

この人たちみんな
大会の選手
なのかな？

あっ!!
あれを見て!!

手作り
マシンだ!!

RoboCup Junior

ボクたちのとは
だいぶ
違うねー

あっ!!
小学生チームも
いるよ

しかも
レゴの
ロボットよ!!

みんな
強そうだな

こりゃ
勝てそうに
ないよ

私の
"スーパーもんちゃん"は
負けないもん!!

名前
つけてん
の!?

はーい
みんな
集まって
ーー

第3章 ロボカップジュニアにチャレンジ！

あっ
野村先生
だ

これから
試合について
注意をします

試合は
前半10分
休けい5分
後半10分

後半は
コートチェンジをするので
休けい時間に
位置を確認するプログラムを
書き換えてください

試合の集合時間には
遅れないこと！

遅れたら
不戦敗に
なりますよ！

審判のいうことを
よくきくように！

ドキドキ
する～！

対戦表を
見に行こう

わ!!
最初の試合だ!!
急いで準備をしよう
電池は新しいものに交換!!
あわわわわ
もんちゃんはプログラムをマシンにダウンロードして!!
わかったもん!!
あわわわ
最初の試合始めまーす
わっ!! 待って待って ーー
それでは「だってもん」チームと
「メガネアフロ」チームの試合を始めます！
だだっ
さっ
3
2
1

第3章 ロボカップジュニアにチャレンジ！

プログラムどうりに
動いてないいん
じゃない？
えっ!?
ピーー
0対1で
前半終了(しゅうりょう)
〜〜
えっ
もう!?
やった
5分のあいだに
再調整だ
だだだだっ
コートチェンジ
だから
センサーの
プログラムも
変えなきゃ
いそいで
いそいで
ー
ごりごりごり
カタカタカタ
思わぬトラブルに
苦戦してる
みたいだね……
後半を
始めまーす
ばたばたばた

3
2
1
ピッ
わー
押せー
いいぞー
おし
今度は
いける
そのまま
そのまま
どんどん
押してー
バキッ
ああっ
タッチセンサーが
外れた!!
そのマシンだけ
外に出して
修理して
私ひとりじゃ
負けちゃうよ〜〜
すぐ
戻るから!!
わー
わー

ああっ　ボール
とられちゃったよー
わっ!!
あっ
ガッ!!
ああっ
「メガネアフロ」
チーム
ゴール!!
ゴドーー
0対2で
試合
終了!!
第2試合
始まりまーす
わー!!
わー!!
わー!!
おおっと!?
なんと1回戦負け
しちゃったぞ!?
主人公
なのに……

3-7 新たな再スタート！

おーい
だってくん

もんちゃーん

おい
泣くなよー

もう
いいもん

ロボットなんて
もう
やらないもん

ガッカリしてるのは
わかるけど
負けたときに
反省するのは
大切だよ

そうだよ
そうだよ

どうして
うまく
いかなかったん
だろう

うーん

プログラムが
適切だったかどうか
を考えてみよう
スタート時に目の前
のボールめがけて
ダッシュしても
よかったかも
でもプログラムが
カンペキでもうまく
いかないことはある
まだ
回ってるー
ぐる
ぐる
マシンが壊れた場合は
どうして壊れたかを
考えてみよう
何度もぶつかって
ネジが
ゆるんでたみたい
試合中は
ほかのマシンとぶつか
ったりして
予想以上の
衝撃が加わる
ことがあるからね
思ってたより
タイヘン
だもん…
機嫌
なおせよー

第3章 ロボカップジュニアにチャレンジ！

RoboCup Junior

新学期

あっ野村先生

だってくん久しぶり！

もんちゃんも中学生になったのかー！

へヘー1年生だもん

何をしてたんだい

ボクたち新しく部を作ったんです

作ったもん

どれどれ

いっぱい仲間ができるといいな──

ロボカップジュニア部　部員ぼしゅう！

ロボットにきょうみのある人ならだれでもOK！！！！！

できるもん！

第4章 メカニックを考える

この章では，ロボカップジュニアのロボットを動かすためのメカニックの基礎知識と，ロボカップで使用されているセンサーやアクチュエータなど，ロボットの機構を紹介していくよ！

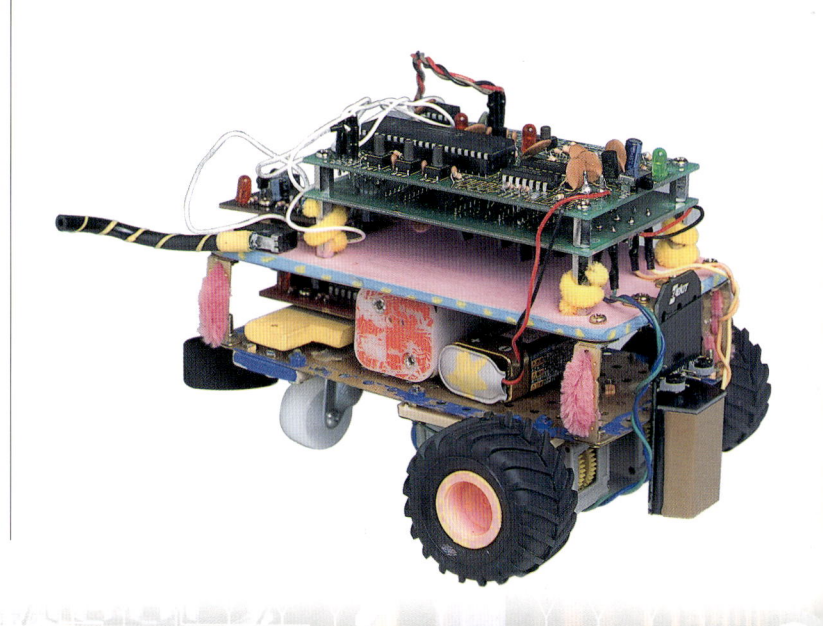

4-1 ロボットの移動のための機構

野村 泰朗

ロボットを動かすモーター

SONYのアイボや本田技研工業のASIMOといったロボットは，そのほとんどが電気をエネルギー源としています．その電気エネルギーを，ロボットの動きに変換するのが〈モーター〉です．モーターは，電気エネルギーを回転する動き（回転運動）に変換します．

その他にも，回転運動を作り出す方法はいくつかあります．風車を使うと，風の力を回転運動に変えられますし，水車を使うと，水の流れる力を回転運動に変えられます．これらは，自然の力を使っていますが，自然は気まぐれですので，いつも安定した動きを取り出すことは難しいのです．

そこで，常に安定した動きを実現するために，18世紀半ば（1769年），イギリスのジェームス・ワットによって蒸気機関が発明されました．水をやかんに入れて沸かすと，注ぎ口から勢いよく水蒸気が吹き出ます．

この力がピストンを動かすことで，蒸気機関は回転運動を作り出します．

また，現在の自動車の動力源はガソリンエンジンです．これは，ガソリンが爆発する力を，回転運動に変えています．

モーターの回転する力

さて，ロボカップジュニアのロボッ

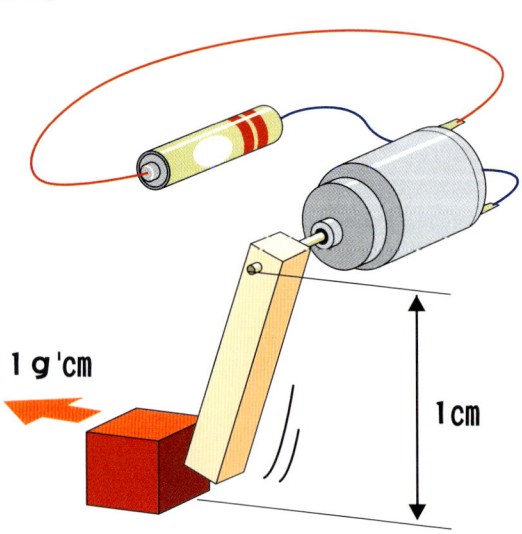

図1 モーターのトルクの説明．1g·cmは，モーターの回転軸から1cmのところで，1gの重さのものを動かすことができる力のこと（棒の重さは考えないものとします）．

第4章　メカニックを考える

トを動かすには，やはりモーターを使っています．また，ロボカップジュニアのロボットは，タイヤを使って動くものが大半です．

モーターとタイヤの取り付け方ですが，直接モーターの軸にタイヤを取り付けることも考えられます．しかしモーターに直接タイヤをつけても，ロボットの体を動かすだけの力を作り出すのは難しいのです．この，モーターの回転する力を〈トルク〉という量を使って表します．

たとえばあるモーターのトルクを15 g・cm とします．ここで，g・cmという単位を使いますが，「モーターが1g・cmのトルクを持っている」とは，図1のようにモーターに棒を取り付けた時，モーターの回転軸の中心から1cmのところで1gの物を動かすことができる力を持っている，ということを表します．

もし，直径が2cmのタイヤをモーターに直接つけた場合，図2のように2輪車を作ったとすると，全体で30gの重さまでしか動かすことができません．モーター1個が約40gなので，軽快にロボットを動かすのは難しいということは想像がつきます．

ではここで質問．もし同じ力のモーターを使った，タイヤの直径が2倍（4cm）のロボットの場合，何gの重さまで動かすことができるでしょうか（先に読み進めず少し考えてみてください

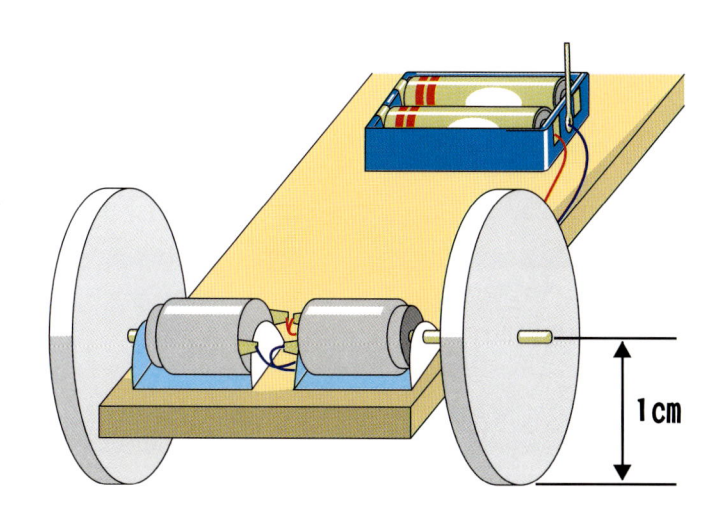

図2　簡単な2輪ロボット．15g・cmのトルクのモーターを使用した場合，約30gの重さまでしか動かせない．

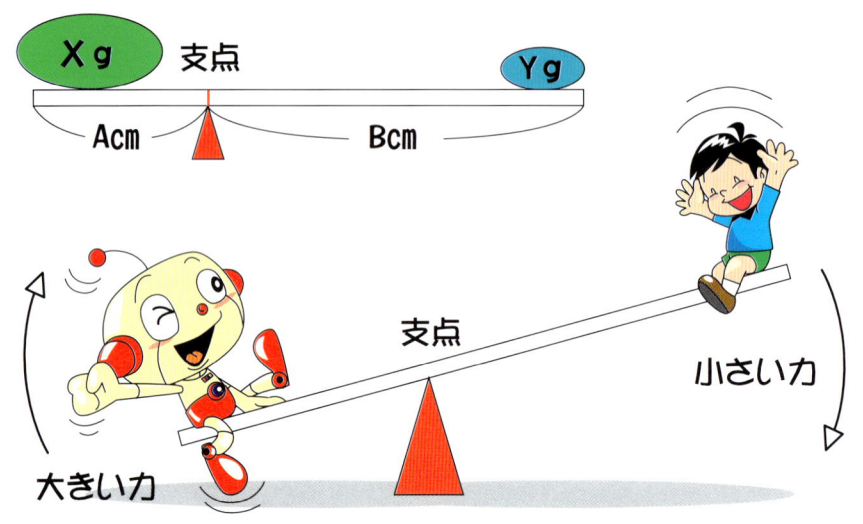

図3 てこの原理．

ね（*1）．

　これを考えるには〈てこの原理〉を使います．図3の上側のようなシーソー（またはてんびん）があるとします．この図の記号を使うとA×X＝B×Yという関係の時に両方がつりあうというのが，てこの原理です．この関係を使うと，1個のモーターが動かせる重さは，1cm×15g＝2cm×Xg → X＝7.5gと計算できます(*2)．つまり，回転軸の中心から遠くなるほど，動かせる重さは小さくなります．また，この原理を応用すると，図3の下側のように重いものを小さい力で動かすことができます．

モーターの力を増幅するギア

　ロボットを動かす充分な力になるようモーターの回転する力を増幅し，タイヤに伝えるために〈ギア機構〉を考えてみましょう．

　ギア（歯車）には，モーターに直接取り付けられる非常に小さなピニオンギア，回転軸と平行でまっすぐな平ギア（平歯車），回転軸を90°変えるこ

第4章 メカニックを考える

写真1 レゴ マインドストームに含まれる様々なギア．

写真2 ピニオンギアとクラウンギア．サッカーロボのギアボックス（ギア機構をひとまとまりにしたもの）では，モーターにはピニオンギアがつけられており，すぐにクラウンギアと組み合わされることで，回転軸を90°変えている．

とができるクラウンギアなどがあります．

これらのギアを組み合わせることで，①回転する方向を変える働き，②回転する力を変える働き，③回転する速さを変える働きが生まれます．写真2のサッカーロボのギアボックスは，1番目の働きをしています．

さて，2番目の働きについて図4を使って説明しましょう．ピニオンギアのような小さな平ギアと，ピニオン付き平ギアのような，大きいギアと小さなギアが一体になったギアがかみ合わさっています．小さいギアから伝えられる力は大きい方のギアとかみ合っている部分（A点）に加わります．ここ

図4　ギアによる力の変換．

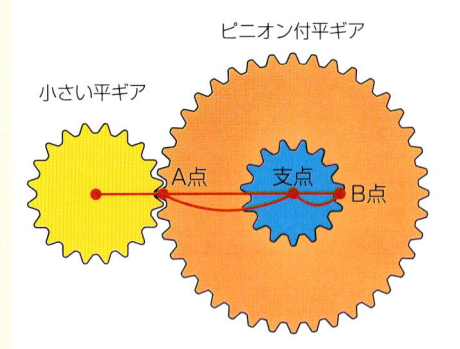

小さい平ギア　　ピニオン付平ギア

A点　支点　B点

図5　「歯車列シミュレータ」による動作の様子．

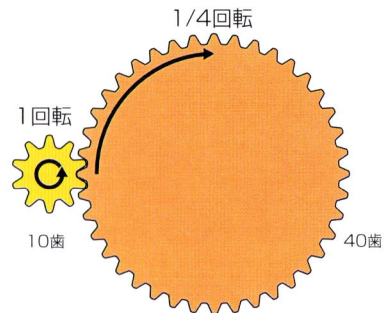

1回転　1/4回転

10歯　40歯

でピニオン付き平ギアの中心を〈てこ〉の支点と考えると，支点から遠いA点に力が加えられると，ギアの近いB点には，その力よりも大きな力が加わることになります．

　このように回転する力を大きくする働きを利用して，ギアをいくつも組み合わせることで，必要な力を取り出すことができるのです．

　ギアの3番目の働きについて説明しましょう．ギアには歯がついていて，この歯がかみ合わさってギア機構をつくります．図5のように，10歯の平ギアと，40歯の平ギアがかみ合わさっている時には，10歯の平ギアが1回転しても，40歯の平ギアは1／4（4分の1）回転しかしません．つまり回転する速さが1／4になったわけです．たとえば1分間に6000回転以上回るモーターがあったとします(*3)．こんなに速い

と，タイヤを回転させても，あっという間に走り去ってしまいコントロールが難しくなります．だから，ギア機構（ギアボックス）を使って速度を落としているのです．

　また，3番目の働きと2番目の働きには関係があります．それは，同じ回転速度のモーターを使ってギア機構を作る時，ギアを組み合わせて回転速度を遅くすればするほど，回転する力は大きくなります．回転速度と回転する力は，ちょうど反比例の関係になっています．速さを追い求めると力不足になってしまい，逆に力を追い求めると動きが鈍くなってしまいます．このようにギアの組み合わせ方によって，速さと力は調整できるようになっています．モーターの力や回転速度，ロボットの重さなどをふまえて，上手にギア機構を考えましょう．

第4章　メカニックを考える

(*1) 答えは15gです．長さが倍になると動かすことができる重さは半分になります．
(*2) A×X＝B×Yの両辺は，先ほどのトルクの計算をしているのです．ですから，この式の単位はg·cmです．この式は，支点を中心にして，右回りに回そうとする力（＝トルク）と左回りに回そうとする力が等しいという式なのです．
(*3) 回転速度の単位としてrpmが使われます．rpmはround per minuteを略したもので，「1分間あたりの回転数」を表します．1分間に6000回転するモーターの回転速度は，仕様では6000rpmです．

ロボットの動きを想像してみる

　ロボットは，サッカー競技をするときに，どのような動きができたらいいでしょうか．ミッドフィルダーやフォワードの選手の典型的な攻撃パターンとしては，
①走ってボールに追いつく／パスでボールを受け取る
②ゴール近くまでドリブルする
③シュートする
　といった手順でしょう．まずは，先に紹介したような移動方法を使って，ボールを追いかけます．ボールに追いついたら次はドリブルです．ドリブルは，ボールを自分の前に保ったまま移動する動作です．

　人が行う場合，自分が移動したい方向に，まずボールを少し蹴って，そしてボールを追いかけるようにそちらの方向に走ります．この時に，力強く蹴り過ぎると，ボールに追いつけなくなってしまいますし，反対に弱すぎるとボールに足がからまってしまいます．では，ロボットで同じことをやろうとするとどうでしょうか．

　ロボットの専門家の人たちが技術を競い合うロボカップの小型機リーグに出場しているロボットの中には，図6のようなドリブル機構をもったロボットがあります．

　これは，ロボットにぶつかったボールが勢いよく前方に転がって行こうとする動きを止めるように，ローラーを使って逆に回転しようとする力をボールに与えます．実際の試合では，ボールがまるで吸いついているかのように，ロボットによる見事なドリブルが行われていました．

　また，ドリブルがうまくいかない別な原因としては，ドリブル中にボールを左右にこぼしてしまうという問題があります．これは，例えば，写真3のようなボールを保持するための腕をつけることで解決できるでしょう．

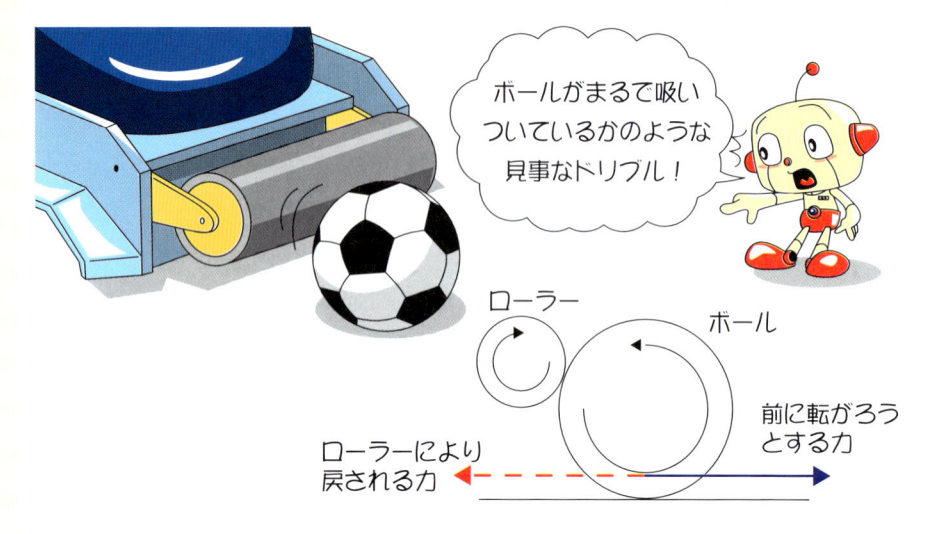

図6 上手にドリブルを行うために，ボールが接触する部分に，逆回転するローラーを取り付けた．

　ロボカップでは，ボールを保持する腕（うで）は，あまり大きすぎると，他の選手によるカットができなくなるため，サッカーの「ハンド」ルールと同じく，ペナルティとなります．

　サッカーの醍醐味（だいごみ）は，やはり華麗（かれい）なパスとドリブル，そしてシュートでしょう．上手にドリブルをしたい気持ちはわかりますが，ボールを抱（かか）え込（こ）んでしまうと，フェアプレーではなくなってしまいます．

どの移動方法を選ぶ？

　このように，移動するには，様々な方法があることがわかります．皆さんがロボットを作るときには，どの方法を選びますか．しかし，どのような考え方で選べばよいのでしょうか．例えば，2輪ロボットの移動方法に関係するロボットの形や材質などの要素を，表1のようにまとめてみました．

　例えば，車輪を大きくしたりギア比を小さくして高速な回転運動が取り出せるようにして，ロボットがすばやく動くようにするでしょう．一方，車輪を小さくしたり，ギア比を大きくしてトルクを大きくし，速度はゆっくりだけれど，細かく正確に動くようにするでしょう．このように，目的に合わせてそれぞれの要素を上手に選べるようにすることが大事なのです．

第4章 メカニックを考える

写真3 ドリブルするときに,ボールが左右にこぼれないようにするには,2本の腕を取り付けるという工夫も考えられます.

表1 移動方法に関係する形や材質

変 数		性 質
トルク (モーター+ギアボックス)	大	より重たいロボットを動かすことができる.同じ材質のタイヤであれば,より摩擦の大きな地面でロボットを動かすことができる.
	小	ロボットが重過ぎると動かすことができない.同じ材質のタイヤであれば,摩擦が小さな地面でしか動かすことができない.
車輪の大きさ	大	すばやい移動ができるが,決められた位置に正確に移動することは難しい.
	小	細かい正確な移動ができるが,長距離の移動に時間がかかる.
車輪の幅	広	同じ大きさの車輪であれば,より細かい正確な回転ができる.片輪だけの回転では大回りになる.ロボットの幅が大きくなる.
	狭	同じ大きさの車輪であれば,よりすばやい回転ができる.片輪だけの回転では小回りになる.ロボットの幅が小さくなる.
地面との摩擦 (車輪の材質[※])	大	同じ地面であれば,よりすべりにくい.
	小	同じ地面であれば,よりすべりやすい.

※摩擦は,車輪の材質と地面の材質の両方の要素によって決まります.表では,地面の材質が同じ場合のみが示されていますが,例えば地面が木の床なのか,コンクリートなのか,アイススケートリンクのような氷なのかによって,同じ材質の車輪であっても摩擦は違ってきます.

4-2 ロボカップに見るロボットの機構

浅田 稔

ロボットの大まかな構成

　ロボットは，図1の上部に示すように，大まかには主に3つの構成部分からなります．

　1つは，人間や動物の感覚に相当するセンサー部で，視覚などの外からの情報を取得したり，自分の姿勢などを知ったり，さらには，物体を操作する場合などに，必要な接触情報などを獲得する場合などです．

　2つ目は，センサーが集めた情報を処理して判断する部分で，いわゆる頭脳の部分に相当します．そして，最後は，とるべき行動を実現する機構や制御の部分です．

　これらの構成部分で，実際の処理の一例が図1の下部に示されています．たとえば，サッカーの試合で，ロボットが味方にパスをする場合を考えましょう．

　最初にTVカメラを使って外の様子を捉えます(外界の知覚)．その中に，味方，敵，ボールやゴールを見つけます(外界のモデリング)．そして，どこへパスを出すか考え(プラニング)，実行します(タスクの実行)．具体的には，ロボットはモーターを動かしてボールを蹴らないといけません．そのための指令を送ります(駆動系への伝達と制御)．そして最後にモーターを回して脚でボールを蹴ります(アクチュエータ系への出力)．

　これら一連の処理は，感覚・認識系，推論・判断・立案系，機構・制御系がうまく結合して，初めてロボットが動作します．

　サッカー競技のように，すばやく行動を起こさないといけないときに，これら一連の処理を，すべてを完全に行っていると，処理に時間がかかり，敵にボールを取られかねません．この問題に関しては，前に述べた3つの構成要素の説明をしたあとに，もう一度触れます．

第4章　メカニックを考える

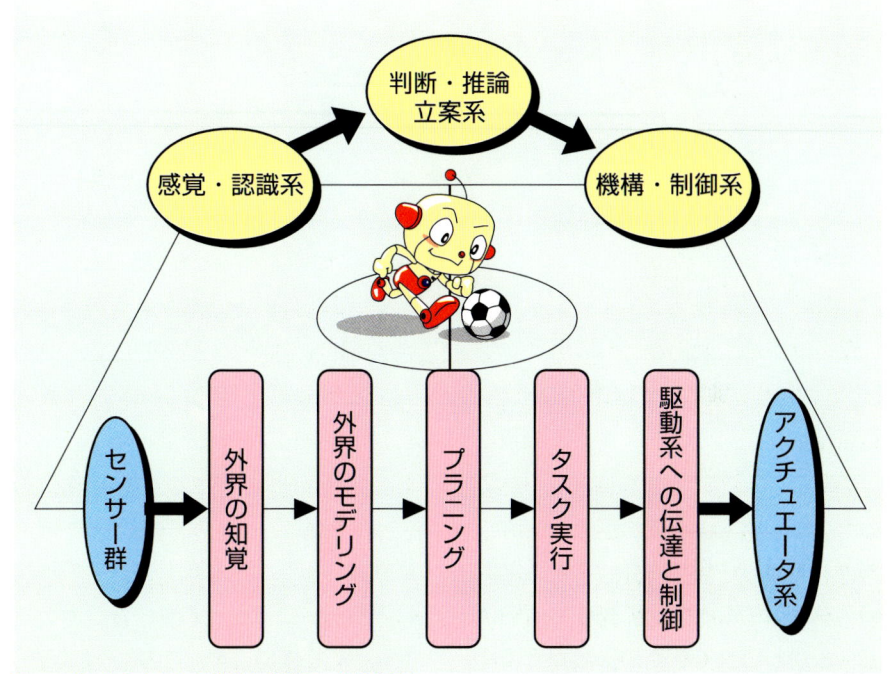

図1. ロボットの大まかな構成と処理の一般的な流れ

ロボットの感覚

　ロボットのセンサーは，主に3つに分類されます．内界センサー，相互作用センサー，外界センサーです．

①内界センサー

　内界センサーは，ロボットが自分自身の状態を観測するセンサーです．

　自身の状態といえば，「今日は機嫌がいい」とか，「体調がいまいち」と表現しますが，ロボットの場合も同じように，今の調子が表現できるといいのですが，まだそこまで至っていません．ですから，現状では，内界センサーの代表は，ロボットの姿勢とその変化を観測するセンサーです．ロボットの身体の構造は，多くの関節とリンクから構成されており，各関節の角度とその変化である角速度，角加速度などを観測します．これらは，機械的な情報から電気的な情報に変換され，数値情報として，ロボットの頭脳に送られます．

　内界センサーの値を利用すれば，正確にロボットの位置や姿勢を制御できます．工場で働くロボットたちは，予め定められた位置の部品をとったり，

視覚
触覚
聴覚（嗅覚・味覚）
力覚
体性感覚

| 内界センサー 関節角、速度、加速度 | 相互作用センサー 触覚、力覚 | 外界センサー 視覚、聴覚 |

図2.3 種類に分類されるセンサー

組み立てられたりしますので，各関節の角度情報にもとづいて動作しています．しかしこれで全ての作業がうまくいくでしょうか？

②相互作用センサー

たとえば，豆腐をつかんだり，窓ガラスについた汚れを落とす場合を考えてみましょう．非常に正確な位置情報があれば，問題ないように見えるかもしれませんね．ミクロやナノのレベルの位置情報が分かれば可能でしょうが，これを実現するには時間と装置が大掛かりになります．

また，可能になったとしても，それらの値は，環境のちょっとした変動で大きく変わり，使い物になりません．ですから，豆腐だったらつかめないか，豆腐をつぶしかねません．ガラスの汚れの場合も，ゴミをとれないか，ガラスを割ってしまいます．このような場合，力加減がものをいいます．

つまり，位置でロボットハンドを操作するのではなく，力で制御します．すなわち，壊れたり，割ったりしない程度の力で，物体を押し付けるように制御します．

この時，利用されているのが押し付ける力や，ねじる回転力を観測するセンサーで，相互作用センサーと呼びます．専門用語では力/トルクセンサーと呼ばれています．ストレンジゲージと呼ばれる薄い金属片にかかる力を，ゆがみに対応する電気的な信号に変換して数値情報に直します．

第4章　メカニックを考える

　相互作用センサーは，その名が示す通り，ロボットが作業を行うときの操作対象物体との相互作用の状態を観測することに由来しますが，相互作用の基本は接触ですから，力/トルクを計測する前に，接触を判断する必要があります．人間ですと，皮膚に対応するセンサーが必要となります．

　人間の皮膚は，巧妙にできていて，触覚(圧覚)，温覚，冷覚，痛覚などがあり，それぞれ個別の検出器が備わっています．現状のロボット技術では，全身をとりまく皮膚センサーを実現することは難しく，ゴムやその他の素材をつかって圧力分布を計測するセンサーが開発されていますが，これからの発展が望まれている研究分野です．

③外界センサー

　ロボットが作業を行うには，どこに操作対象物体があるか，うまく作業できるか，失敗からの復旧など外界の様子を知る必要があります．

　これら外界の状況を監視するのが，外界センサーです．外界センサーの代表は，TVカメラなどの視覚センサーです．現在では，携帯ビデオなどに利用されているCCD(Charge Coupled Device:電荷結合素子の略)カメラが多

ソニーのSDR-4Xは，両目に内蔵したカメラで画像を認識する．

RoboCup Junior

ソニー4足リーグのロボットには，CMOSカメラが使われている．

く利用されていますが，最近では超小型軽量のCMOS型(complementary metal-oxide semicondctor:相補型金属酸化膜半導体の略で集積回路に多く利用され，消費電力が少ない)のTVカメラも利用され始めています．

　SONYの初代のアイボは，CCDカメラでしたが，2代目以降は，CMOSカメラが使われています．TVカメラから得られる映像データには，さまざまな情報が含まれていますが，ロボットに入ってくるのは，色や光の2次元データを1次元の系列に直した数値データです．このデータから意味のある情報を抽出しなければなりません．

　ロボカップサッカーでは，迅速な処理をしないと試合に負けてしまうので，処理を簡単にするために，色情報を利用して，ボールやゴール，さらに敵や味方を識別します．形や運動の情報も非常に大切ですが，あまり時間をかけて処理できないからです．ですから観客の中に赤い服を着ている人がいると，ボールと間違えて，その人の方に行こうとするのです．

　自分の場所を確認するためにフィールドラインを検出することも大切です．この場合は，色情報よりも，明るさの

第4章　メカニックを考える

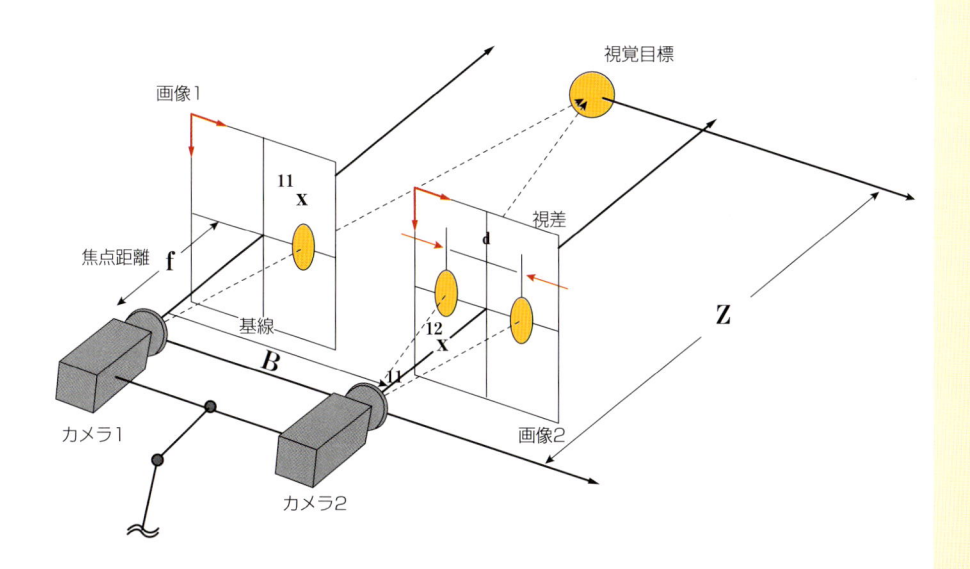

図3.両眼立体視の原理

変化する部分(エッジと呼ばれている)を抽出する処理がなされます．

　私たち人間は，2つの眼球を持っています．これによって遠近感が得られます．右目と左目で見える位置が少し異なっているからです．遠くの物体を見るときにはほとんど差がありませんが，近くの物体は大きくずれて見えます．このズレ(視差と呼ばれています)を検出して距離を計測します．両眼立体視と呼ばれています．

　この時の問題は，右目と左目で同じものを見ていると分かることです．これは対応付け問題と呼ばれています．

図3に両眼立体視の原理を示します．物体の動きを追跡するときにも同じ問題があります．人間には簡単ですが，ロボットにとってはそんなに容易ではありません．

　そこで，片方の目の代わりに光を発して，その光を左目で感じ取ることで，この問題を解決することができます．発する光を左右に走査して，感じ取る時間を計測することで環境の距離地図を作成する装置は，レーザーレンジファインダーと呼ばれ，ロボカップサッカーの中型で利用しているチームがあります．

　また光の代わりに音を発することで，

距離を測る装置は超音波ソナーと呼ばれています．光に比べるとあまり正確に距離情報を取得できないので，物体の有無を確認することで，障害物回避などに多く利用されています．

このように見てくると，人間と同じ機能を機械で実現することの困難さと機械特有の実現方法の工夫が研究者の叡智を感じさせますね．

このほか人間とのコミュニケーションを実現するためのマイクロフォンも外界センサーと見なせます．

行動を実現する機構と制御

センサーデータの取得やその処理，判断などが情報を扱うのに対し，モーターなどの可動部を持つロボットの身体構造はエネルギーも扱います．電動モーターのように，通常，与えられたエネルギー（この場合，電気エネルギー）を運動エネルギーに変換するものをアクチュエータと呼んでいます．アクチュエータには，空気や油などの流体を用いたものもあり

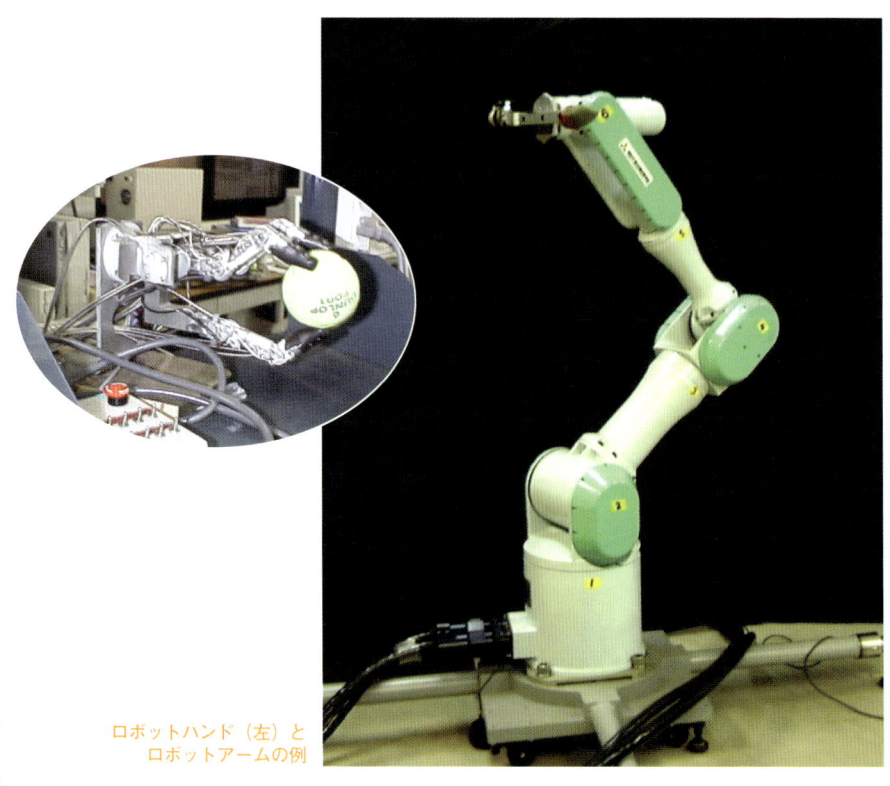

ロボットハンド（左）と
ロボットアームの例

第4章　メカニックを考える

ますが，最も一般的でよく利用されているのが電動モーターです．

　簡単に説明すると，1つのアクチュエータで回転か並進の1つの運動を実現できるとしましょう．電動モーター自体は回転運動ですが，機構を介して直線運動も生みだすことができます．

　この1つのアクチュエータが定める1つの運動が実現できることを「1自由度の運動を持つ」と表現します．ですから，n個のモーターを持つロボットは基本的にはn個の自由度を持つことになります．

　左頁の写真にロボットアームとロボットハンドの例を示します．それぞれモーターの駆動部に対応する，関節と関節を結ぶリンクから構成されています．右のロボットアームでは，7つのモーターが，また右のハンドでは各指3つのモーターで合計9個の自由度があります．

　ただし，それらがどのように組み合わされるかで，仕事を実行するときに実現される自由度とは異なります．たとえば，皆さんの手を考えてみましょう．関節がいくつもありますが，ものを単純に握るときは，グリッパーのような開閉だけの1自由度で充分です．

　写真の右のロボットアームには，7つのモーターがありますが，腕先で対象物体をつかんで操作する場合．物体の自由度は3次元空間では，3次元位置の3つ（X,Y,Z軸上の場所）と3つの軸周りの回転による姿勢の合計6つの自由度が必要となり，自由度が1つあまることになります．このあまった自由度は，他の仕事に使えるかもしれません．

　私たち人間の肩から手首までは7自由度あるといわれています．ですから，肩と手首を机の上において固定しても，肘が動かせます．このような余った自由度は，障害物回避などに利用されます．

　車輪移動の場合，もっとも代表的なものは，自動車タイプの運動です．アクセルとハンドルがあり，これらが2自由度に対応します．実際のロボットの移動では，2つのモーターの正回転で前進，逆回転で後退，左右のモーターを異なる方向に回転させることで，その場を旋回させることができます．

　駐車場で自動車を駐車することを考えてみましょう．障害物がない場合，ある一定の場所に，ある一定の方向で停められないと，運転免許試験を合格できません．この時，駐車する仕事が持っている自由度は，場所のX,Yと姿勢の3つです．

　つまり，先に挙げたロボットと異なり，自由度が足りないことを表しています．ですから，縦列駐車といって，車を道路の脇などの直ぐ横に停めるの

RoboCup Junior

中型リーグでは，どの方向にでも移動や回転ができる全方位移動のロボットが開発されている．

各脚3自由度，合計12自由度を持つソニー4足リーグのロボット

ロボカップジュニアのロボットの車輪移動もうまく利用して，いろいろな動きを実現しよう！

が難しいのです．ただし，うまく利用すれば，2自由度で3自由度の仕事が可能になります(うまく切り返しができれば，どこにでも駐車できます)．ロボカップジュニアサッカーのキットもこのタイプが多いですね．

ロボカップサッカーの中型リーグや小型リーグでは，3つのモーターを使って，いつでもどの方向にでも移動や回転が実現できる全方位移動のロボットが開発されています．

また，4足リーグでは，各脚3自由度，合計12自由度を巧みに利用して，多彩な行動を見せてくれます．このように，ロボットが持っている物理的なモーターの数と実際の仕事達成に必要な自由度は異なる場合があり，ギアやリンク構造をうまく利用して種々の行動が実現されています．

認識・判断と行動の計画

センサーからの情報を処理して，どういう行動をとるかを決めることは，ちょうど人間の頭脳の部分にあたり，人工知能の研究分野が対象としている部分です．

センサー情報から考えられる環境のモデルを作成し，それに基づき，事前に作成されたルール(どういう状態のときに，どの行動をとるべきかが記載されている)に従って，さまざまな意思の決定をします．このときの問題は，順番に処理していくので，直前の処理の完全性，正確性を求めてしまうために，時間がかかったり，基本的に正しい解答が求められなかったりすることが多くあります．

これに対し，1980年代後半に提案された行動規範型ロボティクス(Behavior Based Robotics)では，下位の行動から階層的に上位に行動を積み上げ，センサー情報から直接モーターを駆動するアプローチが昆虫型のロボットとして実現されました．

それまでのロボットと異なり，迅速に行動を起こすことができ，生き物のような動きが実現されました．このアプローチの構造を図4に示します．

センサーからの情報は，「衝突回避」，「うろつきまわる」，「探索」などの各行動モジュールに全て入力され，各行動モジュールでは，それらに対して，どのような行動をとるかが迅速に判断されます．

また下位の行動モジュールは，上位から抑制されることで，アクチュエータ系への出力は，ある瞬間には1つの行動モジュールに絞られます．はっきりとした環境モデルは計算されず，こ

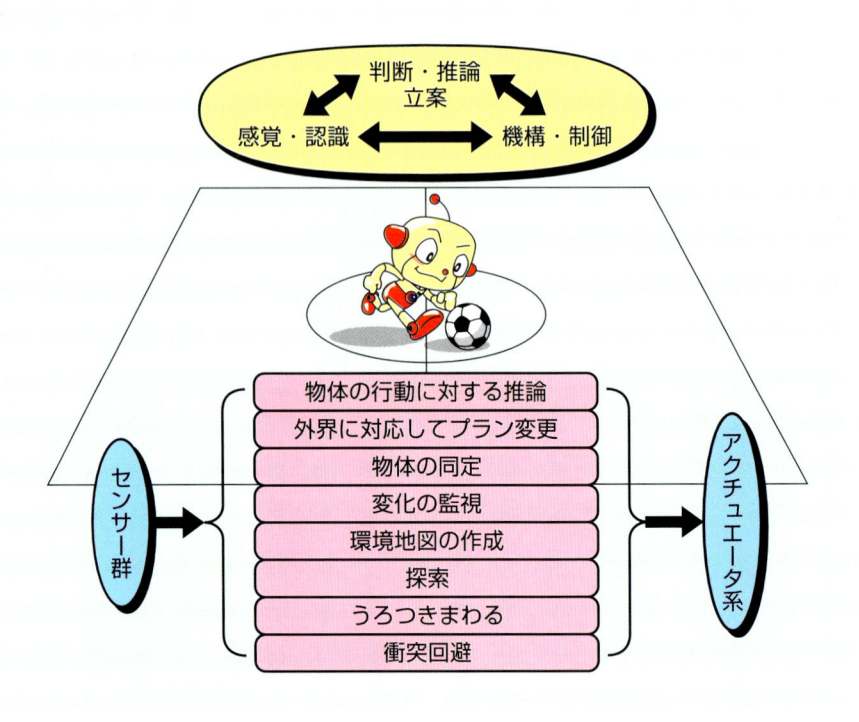

図4 行動規範型のロボティクスのアプローチ

れにより迅速な行動を実現しています．モジュール内の意思決定ルールや，上位層が下位層を抑制する仕方は，設計者が経験的に決めていましたが，ロボカップサッカーのように，環境が複雑かつ動的に変化する場合は，それらを事前にすべて決定しておくことは困難です．人間も最初から答えがわかっているわけではなく，試行錯誤の経験から学んでいくので，ロボットの場合も行動学習を通じて，このような知識を獲得していくことが考えられます．

強化学習と呼ばれるロボットの行動学習では，報酬をもとに期待する行動を獲得させます．ロボカップサッカーでは，単純なシュート行動から，パスアンドシュートなどの協調行動が実現されています．特に後者は，他者の行動をモデル化し，他者の行動を理解するから，その意図を理解することへと進展しています．

他者の存在などを含む環境の複雑さが，知能発達に関連することは，ネズミの脳の発達実験でも示されています．

第4章 メカニックを考える

　暗い狭い部屋で1匹で育ったネズミよりも、他のネズミや遊び道具が含まれた広い環境で育ったネズミの頭の方が大きいとのことです。

　このような社会的な環境が知能の発展に関係し、他者の意図理解などの高度な問題に繋がっています。

　これらの課題は、身体を持たないコンピューターの世界だけで解決することは難しく、実世界からの情報を得て、環境に働きかける身体を持つことで、解決の可能性が見出されます。

　しかし、多くの自由度を持ち、さまざまなセンサー情報を取得する人間型ロボットの場合、全てを自らの学習だけでまかなうことは困難なことです。教えられることを真似しながら、学習していく方法などが有望視されています。

　この意味でも、2002年から始まるロボカップサッカー・ヒューマノイド（人間型ロボット）リーグは、単なる競技会というよりも、これらの課題を試すテストベッドとなっており、まだまだ解決しなければいけない問題に対して、若い人たちが、どんどんアタックしていくことで、道が開けると考えられます。

RoboCup Junior

ロボカップジュニアの公式ホームページ
- RoboCup公式ホームページ（英語のみ）
  http://www.robocup.org/
- RoboCupJunior公式ホームページ（ほとんど英語）
  http://www.robocupjunior.org/

ロボカップジュニアに関係するホームページ
- RoboChallengeNetwork　ホームページ
  http://www.robochallenge.org/

2050年へキックオフ!!

写真提供：福岡市

第5章 ロボカップジュニアに参加するみんなを紹介！

この章では，2002年6月に行われる「ロボカップ2002福岡・釜山（ブサン）」のロボカップジュニアに参加するみんなを紹介（しょうかい）するよ！ ロボカップジュニアの楽しさも教えてもらったんだ！

海外の子供たちのインタビュー：江口愛美

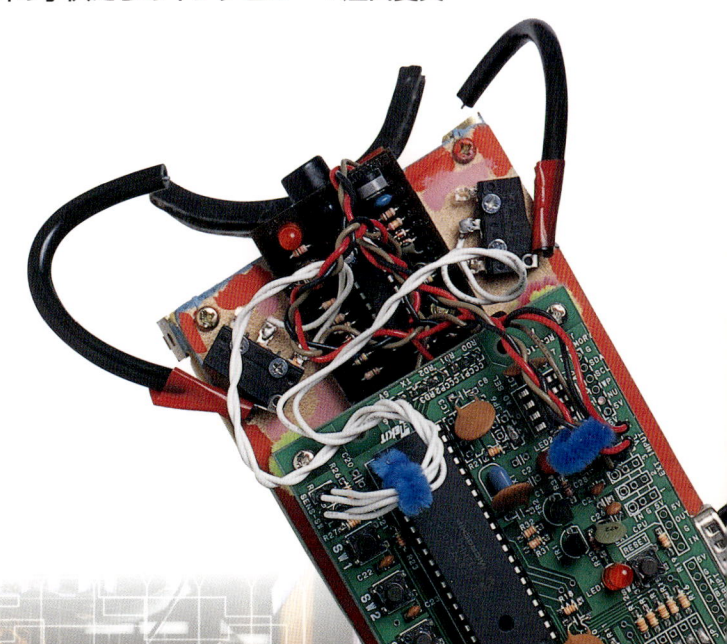

サッカー(Soccer)に出場するみんな

いつも新しくておもしろいのよ

カイリー・マッコイ（Kylie McCoy）

オーストラリア，ビクトリア州ワラグル(Waragul,Victoria,Australia)／16歳

　ロボカップジュニアは，新しい人に会えたり，新しいことにトライできたり，とっても楽しいわ．もちろん試合は真剣．自分で作ったプログラムがなかなか上手くいかなかったりするとイライラするけど，でもそれがロボットを作るということ．常に新しいことにチャレンジしないといけないの．

　今まで誰もしたことがないことをしているんだから，同じことを，何回も繰り返しているようなのとは違うのよ．もしロボットを作り直したり，プログラムを新らしく書き替えたりしなかったら，今一番だったとしても，あっという間に他の人に追い越されてしまうわ．

　ロボットもプログラムも，試合の度にどんどん変わっていくから，いつも新しいしおもしろい．それにロボカップジュニアに参加している人たちとは，誰とでも話ができるし，常にアイディアの交換をするの．だから参加した人たちはみんな新しい何かを得ることができる．それもロボカップジュニアの素晴らしいところね．去年のシアトル大会では女友達とチームを組んだのだけど，今年は同じ学校の2人の男の子とチームを組んでいるの．日本に行くのを楽しみにしているわ！

カイリー（中央）のチームメイト．ガレス（左）とスコット（右）．仲良くチャレンジ！

第5章 ロボカップジュニアに参加するみんなを紹介！

いろいろな経験が成功の鍵

ビル・コーコラン(Bill Corcoran)

オーストラリア，ドライスデール　(Drysdale, Australia)／18歳

　レゴのブロックとエレクトロニックの部品と自分たちのアイディアだけからスタートして，それを統合して組み立てたロボットが自分で考えて，見て，反応する．

　それがロボカップジュニアの面白いところかな？　それに，チームでロボット作りに挑戦すること，コーヒーを飲みすぎたり，いろいろな人に出会ったり，そんなこともロボカップジュニアの活動を通しての大切な経験の一部だと思う．

　完璧なプログラムができたと思っているのに，なぜかロボットが思うように動かない時に，何が問題なのかを探し当てるのは，結構時間がかかるし退屈な作業だね，まあ最終的には報われるけど，自分で，最高のプランだと思っていたのが失敗に終わって，最初から新しくてもっといいアイディアを取り入れたプランを練り直すのは大変だよ．でも，最終的に一生懸命やったことが成功するのは，やっぱりいい気分だよ．

　ロボカップジュニアの活動をしていて，一番エキサイティングだったのは，自分たちがゼロからデザインして作ったセンサーが，思っていたよりもいいものに仕上がったときだね．それが認められて，製品として世界中に販売されるようになったなんて最高だよ！

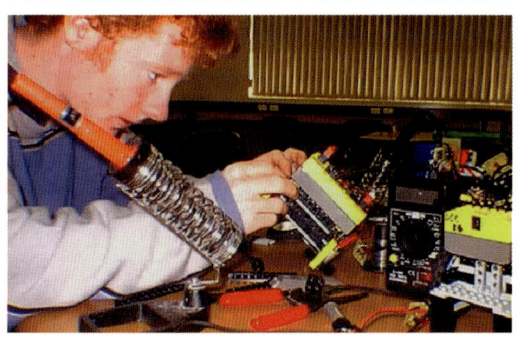

自分たちのアイディアをロボットに盛り込むんだよ．

競技会でロボットの実力を知る

マティアス・ストッカー(Matthias Stocker)／フィリップ・メイヤー(Philip Mayer)／ステファン・フムエル(Stefan Hummel)

ドイツ，ボーリンゲン(Hringen, Germany)／16歳

僕たちは，ミュンヘンから120km離れたボーリゲンという小さな街に住んでいるんだ．チーム名はサイコス(The Psychos)だよ．

ロボット作りは，単に理論的なものだけではないから，それ自体が面白いよ．ロボカップジュニアみたいな大会に行く楽しみは，僕らと同じ興味を持った子供たちに会えること．そういう大会に参加して初めて自分たちのロボットがどれぐらいよく仕上がっているかがわかるんだ．

一番難しいのは，ロボットがプログラムで上手く動くかどうかだね．プログラムそのものは理論的なもので，実際にロボットを動かすと上手くいかないことはしばしばある．ちゃんと動くロボットを作るまでに何回もテストが必要なんだよ．

ロボット好きのみんなに会えるのが楽しみ！

協力しあって1つのことを完成！

サブリナ・ヘセラー(Sabrina Heseler)／
ダニエラ・コチ(Daniela Koch)／
イザベラ・ドゥロイ(Isabella de Roy)

ドイツ，ボーリンゲン／センデン・テーゼ(Hringen and Senden These, Germany)／15歳

可愛いロボットと一緒に日本へ行くわ！

3人で協力し，自分たちのアイディアで1つのことを成功させるのは楽しいわ．プログラミングで一番難しいのはどこに間違いがあるかを見つけること．ロボット

を組み立てるので一番難しいかったのはバンパーを直すことね.

私たちのチーム名は，スノーホワイト（Snowwhite）.ロボットの名前は，スシ（Susi）.少女みたいにかわいいの.スシは小さいけどとても頭がいいし，テクニックもあるロボットなの.でも，リュックサックを背負っているように見えたりもするけどね.

いつまでもチャレンジは続くんだよ

ジョシュ・マゾッチ（Josh Mazzocchi）

カナダ，ケベック州　モントリオール
(Montreal, Quebec, Canada)／15歳

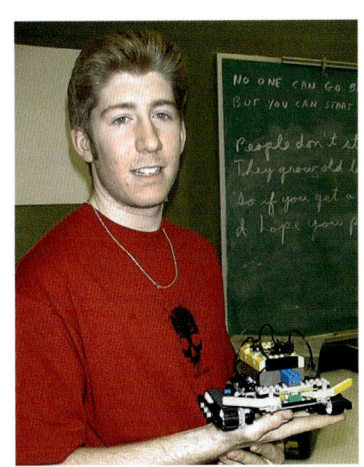

ロボカップジュニアの競技は，僕にとってとても大事なこと．かっこいいロボットを作るのはもちろん，プログラミングしたり，ロボットを動かすのもすごく楽しい．でも最高に楽しいのは，ロボットが実際の競技でどんな成果を挙げてくれるかを見ることだね．

いちばん難しいのは，ロボットを完璧にすることなんだ．いつも問題を解決しようとがんばっているけど，終わりのない戦いだね．

僕のロボットは，ほんとにかっこいいよ．ほとんど思った通りに動いてくれるんだ．僕のロボット，レスター・B．ピアソンには特許出願中の爪がついていて，すっごく怖いんだぜ．世界中から来るみんな，覚悟はいいかい!?

僕のロボットはかっこいいんだぜ！

ロボットは自分たちの分身だ！

薄綱太朗(Koutaro Susuki)／
中村洋平(Youhei Nakamura)

福岡県福岡市　警固中学校

(Fukuoka-city Japan)／14歳

　今日までずっと，世界大会に行くために，たくさんの工夫と改良を重ねてきたんだ．ロボカップジュニアのサッカーで，ロボットを作ることは，喜びや楽しさばかりではなかっ

気持ちを込めてせいいっぱいがんばるゾ！

たからね．特に悩んだ点は，オリジナリティーにあふれたロボットを作ること，思い通りに動かすプログラムを作って入力する，という2つ．
　それでも僕らは，よりよいものを作ろうと思い，自分の分身を作るような気持ちで，毎日ロボットに向かっているよ．世界大会には，出たくても出られなかった友達がたくさんいる．だから，僕らは，そんな友達の気持ちを背負いながら，たとえ負けてしまったとしても，恥ずかしくないような試合にしたいと思うんだ．

ロボットを作る時間が楽しみなんだ！

岩﨑俊典（Tosinori　Iwasaki）／神田将光（Masamitu Kanda）／
西方隆司（Ryuuji　Nisikata）／筆是（Tadasi　Fude）

埼玉県菖蒲町　菖蒲中学校(Shoubu Saitama-ken)／13歳

　大会に向けてロボットを作るのに半年くらいかかって苦労もしたけど，楽しかったよ．ロボットを改良して（今も改良中！）自分たちの思い通りになった時が一番うれしかった！
　苦労した点は，ハンダづけが上手にできなかったことかな．モーターをこがしたり，違うところにつけてしまってはがすのに大変だったこと，手をぶつけて火傷し

たりと，ハプニング続きだったよ．プログラムは，少し難しくてだんだん頭が混乱してきた．でもそんな時は，先生にヒントをもらってみんなで考えて完成させていったんだ！　最後の最後まで自分たちの出せる力を使ってガンバルぞ！

みんなに会えるのが楽しみだよ！

ダンス（Dance）に出場するみんな

みんなのロボットを見るのも楽しみ！

スザンヌ・ロジェール(Suzanne Rozier)

アメリカ，ニューヨーク州ニューヨーク市(New York, USA)／13歳

　私は，ロボカップジュニア2000年大会から，毎年ロボカップジュニアに参加しているの．ロボカップジュニアに参加することの楽しみは，いろいろなところに行けるし，新しい人に会ったりできるから．

　私は，他の子供たちのロボットを見ることの方が，自分のロボットを参加させることよりも楽しみなの．特にダンス競技に参加するんだったらね．だって，世界大会に参加するまで，自分のロボットが同じダンスを何回も踊るのを見ているから，

メキシカン・テイストでがんばるわ！

飽きちゃうでしょ？　でもね，確かに，自分のロボットがどんな動きをするかを考えながらプログラミングをしたり，ロボットの衣装を作ったり，そういうのもとっても楽しいわ！

　2002年大会のための準備は，まだあまりできていないんだけど，たぶん「海賊」ロボットになるわ．去年は，麦わら帽子をかぶってポンチョを着た3体のロボットで，サンタナの曲にあわせてダンスをしたの．今年も，メキシカン・テイストがいいかなと思うの．

新しい友達や大人とも仲良くなれる

グレースとマックス・ペトレ・エーストリー(Grace and Max Petre Eastty)

イギリス，ミルトンケインズ(Milton Keynes, UK)／グレース7歳　マックス9歳

2人力を合わせて作ったロボット，可愛いでしょ！

　グレースがデザイナーで，マックスがエンジニアという役割でダンスロボットを作った兄弟チーム．

マックス「ロボカップの大人が作ったロボットを見たり，それをデザインした人の話を聞いたりするのも楽しいよ．みんなとっても親切なんだよ．大変だったのは，やっぱりプログラミング．なかなか上手くダンスするようにできないんだよ．音楽とぴったりあわせるのは難しいんだ」

グレース「私たちのロボット，亀の王様(King of Turtles)の頭は私のアイディアで，私が作ったの．ダンスの最後に頭がくるくる回るようにしたの．見ている人た

ちにはとってもうけていたみたい」

マックス「そうだね．頭は，グレースの自慢なんだ．羽もグレースのアイディアで，作ったのは僕(ぼく)．飾りはグレースがやったんだ．ロボットの上半身と下半身は別々に動くようにしてある．だから肩をゆらゆら動かしているように見えるんだよ．でも，これが結構難しいんだよね」

ロボットの演技を盛り上げていくよ！

伊藤真琴（Makoto Itou）／中澤汎造（Hanzou Nakazawa）／真島洸（Hikaru Majima）／伊藤慎（Sin Itou）／小林裕（You Kobayasi）

東京都杉並区　堀之内小学校(Suginami Tokyo-to)／10歳，12歳

　東京・杉並区の大会に参加したんだ．この時は，学校の名前にちなんで，地面掘削機械「シールド号」を作ったよ．「シールド号」は，ポリエチレンの岩を持ち上げて前進する力強さを表現してみせたんだ．プレゼンをする仲間は，ヘルメットをかぶり，あたかも地面を掘る作業員になった気分を演出．楽しかったよ．

　メンバーのうち，3人が小学校を卒業して中学生になったけど，6月の世界大会出場のチャンスを得て，メンバー全員燃えているんだ．ダンス部門にエントリーして，日本代表ということで緊張もあるけど，どこまで工夫できるか楽しい悩みをしているところなんだ．演じるのは，日本のお祭り，阿(あ)波(わ)踊(おど)りを予定しているよ．2分間に僕たちの思いを込めていくからね！

チーム名は，ホリホリチーム．小学校の名前からつけたんだ！

●執筆者一覧

浅田　稔：大阪大学大学院工学研究科　知能・機能創成工学専攻
　　　　　　創発ロボット工学講座　教授　ロボカップ日本委員会委員長
江口愛美：イギリス　ケンブリッジ大学教育学部博士課程在籍
　　　　　　ロボカップジュニア2002大会副委員長
野村泰朗：埼玉大学教育学部学校教育〈教育臨床〉講座　助教授
　　　　　　ロボカップジュニア2002大会委員長

ロボカップジュニア　ガイドブック
〜ロボットの歴史から製作のヒントまで〜

NDC542

2002年6月20日発行

編　集	子供の科学編集部
発行者	小川雄一
発行所	株式会社　誠文堂新光社
	（編集）〒113-0033　東京都文京区本郷3-3-11
	TEL 03-5805-7765
	（販売）〒177-0041　東京都練馬区石神井町2-36-19
	TEL03-5910-3444
	http://www.seibundo-net.co.jp/
印　刷	錦プロデューサーズ（株）
製　本	（株）関山製本社

©2002,Seibundo Shinkosha Publishing Co.,Ltd　　Printed in Japan
検印省略．万一落丁乱丁の場合はお取り替えします．無断転載禁止

R（日本複写権センター委託出版物）本書の全部または一部を無断で複写複製（コピー）することは、著作権法上での例外を除き、禁じられています。本書からの複写を希望される場合は、日本複写権センター（03-3401-2382）にご連絡ください。

ISBN4-416-80223-4